Joachim Schütte · **Haustauben**

G. Zimmer:
Mövchen, Adel der Taubenwelt.
Lehrmeisterbücherei, A. Philler, Minden.

E. Zurth:
Die Welt der Tauben.
Unsere Tauben: Tümmler. Trommel- und Warzentauben. Strukturtauben. Huhn- und Formentauben. Farbentauben.
Oertel und Spörer, Reutlingen.

Fachzeitschriften:

Die Geflügel-Börse.
Verlag Jürgens KG, Germering.

Deutscher Kleintierzüchter.
Verlag Oertel und Spörer, Reutlingen (Ausgabe Geflügel).

F. Regenstein:
Die Brieftaube. Vererbung bei Hühnern und Tauben.
Oertel und Spörer, Reutlingen.

J. Schütte:
Taubenrassen. Taubenzucht,
Taubenschläge und Taubensport.
Lehrmeisterbücherei, A. Philler, Minden.

J. Schütte:
Handbuch der Taubenrassen.
Neumann, Radebeul und
J. Neumann-Neudamm, Melsungen.

A. Tüllmann:
Die Deutsche Modeneser Taube.
Oertel und Spörer, Reutlingen.

K. Vogel:
Die Taube – Taubenkrankheiten.
Die Taube – Biologie und Haltung.
VEB Deutscher Landwirtschaftsverlag, Berlin.

J. Wintjes:
Die Pommernkröpfer. Oertel und Spörer, Reutlingen.

Krüger/Paulus:
Die Zucht und Haltung der Coburger Lerche.
Oertel und Spörer, Reutlingen.

Lahaye/Cordiez:
Die Belgische Reisetaube. (Standardwerk über Brieftauben, auch für Rassetaubenzüchter von Interesse.)
La Paloma, Hamburg.

H. Marks:
Haustauben (Taubenzucht). Formentauben.
Huhn-, Struktur- und Warzentauben. Farbentauben.
Neue Brehmbücherei, Ziemsen, Wittenberg und Neumann-Neudamm, Melsungen.

W. Moebes:
Die Nürnberger Bagdette im Spiegel der Welt.
Schürmann und Klagges, Bochum.

E. Müller:
Die Kingtaube. Die Pfautaube. Die Welt der Rassetauben.
Oertel und Spörer, Reutlingen.

W. Palleske:
Rassetauben. Eugen Ulmer, Stuttgart.

Literaturnachweis

Empfehlenswerte Literatur über Haustauben. Vergriffene Bücher sind nicht aufgeführt.

H. Becker:
Die Deutsche Schautaube. Oertel und Spörer, Reutlingen.

T. Brüggemann:
Brieftauben. Lehrmeisterbücherei. A. Philler, Minden.

F. Bürkle:
Die Brünner Kröpfer. Oertel und Spörer, Reutlingen.

Deutscher Taubenstandard:
(Die Musterbeschreibungen der Taubenrassen.)
Oertel und Spörer, Reutlingen.

C. Engelmann:
Die Taube – Rassetauben.
VEB Deutscher Landwirtschaftsverlag, Berlin.

J. Fischer:
Das Buch der Kröpfer.
Oertel und Spörer, Reutlingen.

H. Kaupschäfer:
Hochflugtaubensport und andere Flugtaubenhobbys.
Oertel und Spörer, Reutlingen.

ze Binden; auch am Schwanz befindet sich eine tiefschwarze Querbinde – am Ende ist sie hell gesäumt. Auch die Schwungfedern sind dunkel. Wichtig ist, daß Schnabel und Krallen grauschwarz sind.

Damascener Tauben verhalten sich außerordentlich zahm und zutraulich und sind dabei auch recht fruchtbar. Deshalb ist die Zucht nicht schwer und kann viel Freude bereiten. Die Somabial-Taube – dem Damascener nahe verwandt – zeigt bei weißlicher Grundfarbe rote Flügelbinden und eine rote Schwanzbinde: also eigentlich nur eine Farbvariante des Damasceners. Heute gilt sie in Eruopa leider als ausgestorben.

rien und im übrigen Vorderen Orient gibt es noch heute verschiedene Zuchtrichtungen dieser Rasse; sie sind zum Teil Flugtauben, Kurzstrecken-Brieftauben, und zeigen kaum eine Kehlwamme. Der echte Damascener, wie wir ihn heute kennen, ist mit dem alten Jerusalemer identisch: Eine mittelgroße Taube mit gedrungener Körperform, etwas brieftaubenähnlich und mit ausgeprägter Kehlwamme. Der Kopf, von der Seite aus gesehen, ist ovalrund mit leicht abgerundeter Platte und stets ohne Haube. Die Augen sind rubinrot mit zweireihigem Rand von blauschwarzer Farbe. Der verhältnismäßig dicke Schnabel ist mittellang. Die Beine sind mittellang und stets unbefiedert. Beim Damascener gibt es nur eine Farbe und eine Zeichnung. Das Gefieder ist am ganzen Körper glänzend-eisweiß – wie Eis auf klarem Wasser. Das beim stillstehenden Tier unsichtbare Untergefieder dagegen ist dunkel, blaugrau. Die Haut ist ebenfalls dunkel. Das Flügelschild zeigt zwei tiefschwar-

Damascener

– Titelbild –

Diese Rasse gehört zur Gruppe der Wammentauben. Der Damascener stellt die vielleicht älteste heute noch lebende Haustaubenrasse der Welt dar. Seine eigentliche Heimat indes liegt mehr südlich, etwa im Gebiet des heutigen Jemen, Jordanien und Israel. Mathias Holler berichtet, daß er auf über 5 000 Jahre alten Papyri und auf Steinplatten schon Bilder von einwandfrei Damascener Tauben gefunden hat. Dr. Engelmann berichtet, daß die Tauben schon zur Zeit der Pharaonen als Haustiere gehalten wurden: Man fand sie – mumifiziert – als Grab-Beigabe. Ursprünglich hießen sie „Mohammed-Taube“. Willughby beschrieb sie 1674 unter diesem Namen, sie verdanken ihn der Überlieferung. Im Koran findet man ausgeführt, daß Mohammed Anweisungen und Gebote Allahs durch eine kleine Jerusalemer (Damascener) Taube erhielt. So waren Damascener noch bis in unser Jahrhundert hinein als „Jerusalemer Damascener“ und „Mohammeds Damascener“ bekannt. In Sy-

allen Farben und Zeichnungen, auch weiß mit farbigem Flügelschild. Den Ausstellungstyp, wie ihn die Russen wünschen, zeigt unser Bild: Eine reichlich mittelgroße Taube mit sehr langen Schwingen und besonders langem Schwanz, der etwas angehoben getragen wird. Die Flügel hängen unter dem Schwanz. An Zeichnungen gibt es beim Ausstellungstyp farbige mit weißem Schwanz, diese auch mit 1 bis 2 farbigen Schwanz-Rahmenfedern, dann gescheckte (marmorierte) und schildige, diese mit und ohne Stirnschnippe. Die Nikolajewer Tümmler sind als Ausstellungsrasse in der DDR anerkannt. Bei uns in der Bundesrepublik jedoch nicht. Hier werden sie nur zum Flugtaubensport verwendet.

noch im Sonnenschein fliegen, ist am Erdboden – wegen der Krümmung der Erdoberfläche – schon die Dämmerung hereingebrochen. Als Tagvögel trauen sich die Tauben dann nicht, in die Dunkelheit zu fliegen. Oft hilft ein beleuchteter Schlag, sie zum Landen zu bewegen. Bei so einem Nachtflug können aber sehr leicht alle Vögel verlorengehen. Weil sich die Tauben bei Wind leicht abtreiben lassen, dürfen sie bei stark windigem Wetter nicht aufgelassen werden. Der Flugstil der Nikolajewer Tümmler ist einmalig: Wie Hubschrauber können sie senkrecht aufsteigen und landen, günstige Aufwinde beim Flug ausnutzen und einem Segelflugzeug gleich schweben, schließlich auch noch wie die Lerche rüttelnd an einer Stelle „hängen“. Im allgemeinen läßt man nur 3 bis 4 Nikolajewer Tümmler zum Flug auf, also nicht einen ganzen Schwarm. Nur wenn nicht mehr als 3 bis 4 Tiere aufgelassen werden, zeigen sie ihren prächtigen Flugstil. Als Flugtauben gibt es diese Tümmler in

Nikolajewer Tümmler

Diese aus Rußland stammende Taubenrasse lernten wir in Deutschland erst vor einigen Jahren kennen. Damals, als zunächst nur wenige Tiere aus Polen, Rumänien und Ungarn zu uns gelangten, waren diese zum Teil schon Kreuzungen mit Polnischen Orliks und Ukrainischen Hochfliegern. Heute gibt es sehr viele Nikolajewer Tümmler in Deutschland, die als Hochflugsporttauben verwendet werden und vorzüglich fliegen. Es gibt jedoch nur wenige Tiere, wie sie die Russen als Ausstellungstyp wünschen. Beim Flugtyp ist das Äußere – Körperform, Farbe und Zeichnung – Nebensache, die Hauptsache ist, daß die Tauben gut fliegen. Nikolajewer Tümmler können das sehr lange, und es steht einwandfrei fest, daß Tiere eine ganze, kurze mondhelle Sommernacht über geflogen sind. Solche Flüge aber lieben weder die Züchter noch die Tauben. Es kommt dazu, wenn die Tauben am Nachmittag zu spät aufgelassen werden. Die Tauben steigen auf, und während sie oben am Himmel

schlägen hell, nur blaue gibt es auch mit dunklem Schnabel (Pechschnabel). Sie stammen aus Mitteldeutschland. Die Augen sind hell-perlfarben. Elstertümmler sind immer glattfüßig und glattköpfig; farbig sind Kopf, Hals und Brust – etwa bis zum Brustbein –, Herz auf Oberrücken und Schwanz. So kommen sie in allen Farben vor. Nicht „modernisiert“ sind Elsterpurzler in gleicher Zeichnung, aber niedrig gestellt und mittelschnäblig. Sie purzeln vorzüglich. Die Polnischen Silberelstern aus Polen stehen zwischen beiden in der Körperform. Die Zeichnungsfarbe ist ganz hell-silberblau. Wesentliche Merkmale sind der pechschwarze Schnabel und der pflaumenblaue Augenrand. Es gibt noch eine perlfarbige Abart mit hellem Schnabel; sie ist aber bei Züchtern wenig beliebt.

brachte später den Marthamtümmler. Die einfarbigen Tiere der ersten Kreuzungen, an Bagdetten zurückgepaart, ergaben die Roubasien-Bagdette. Natürlich dauerte es etliche Jahre, bis die neuen Rassen einwandfrei in Farbe, Zeichnung und Form waren und diese Eigenschaften auch vererbten. Deutsche Züchter, wie etwa Lass aus Greiffenberg, gingen einen anderen Weg und kamen schließlich auch zur modernen Elster. Sie kreuzten dänische Elstertümmler mit Berliner Langen Tümmlern. Für alle Züchter war als Vorbild das vom Engländer Simpson geschaffene Muster maßgebend.

Der Elstertümmler ist eine schlanke, schnittige und elegante Taube mit sehr langen Beinen und langem Hals. Sie stehen aufrecht, so daß der Hals senkrecht getragen wird. Der Kopf ist lang und schmal, ohne Platte oder Kanten, der Hinterkopf abgerundet, der Vorderkopf sehr langgezogen. Der Schnabel ist lang und gerade und bei sämtlichen Farb-

Langschnäbliger Elstertümmler

Dieser Tümmler stammt von Dänischen Tümmlertauben ab, wurde aber später von englischen Züchtern zu seiner heutigen Form gebracht. Es sind reine Ausstellungstauben, zum Flugsport also nicht geeignet. Meist werden sie in Volieren gehalten, nur vereinzelt gewähren ihnen Züchter noch Freiflug. Die alten dänischen Tümmler waren mittelschnäblig mit nur mittellangen Beinen. Mr. Cooke erregte um 1910 in London berechtigtes Aufsehen mit seinen „modernen" Elstertümmlern. Es waren langschnäblige Tauben mit langem, schlankem Hals und sehr langen Beinen. Wie es zu dieser „Modernisierung" kam, ist überliefert: Die Engländer Bracey und Cooke kreuzten dänische Elstertümmler mit französischen Bagdetten. Die Nachzucht war zunächst natürlich weiß oder unregelmäßig gescheckt und lag in der Form zwischen Tümmlern und Bagdetten. Rückkreuzungen an Elstertümmlern führten dann zum Ziel. Einfarbige Nachzucht – an Tümmlern zurückgepaart – er-

und Röslischecken. Letztere sind farbig und haben einige weiße Federchen am Flügelbug.
Bei der Zucht ergänzen sich die Farbschläge zum Teil. Nie dürfen immer nur Hellstörche miteinander verpaart werden: die Nachzucht würde schnell rein weiß. Das Anpaaren von Schimmeln oder Dunkelstörchen ist ab und zu nötig. Schimmel – sie werden nicht ausgestellt – entstehen aus dem Verpaaren von Dunkelstörchen mit Hellstörchen und auch aus Kreuzungen von blauen mit Hellstörchen. Farbstörche, ständig untereinander verpaart, werden auch bald reinweiße Nachkommen bringen. Um das zu vermeiden, werden Röslischecken oder einfarbige eingekreuzt. Einfarbige in Schwarz und Rot sind bei uns, wie auch in der DDR, neuerdings wieder anerkannt und mehrfach ausgestellt worden. Farbige mit weißen Schwingen gibt es vereinzelt, sie sind jedoch nicht als Ausstellungstauben anerkannt.

milchweiß. Der Schnabel wird waagerecht getragen. Er soll etwa 15 mm lang und dabei dünn sein. Auch der Hals wird lang und dünn gewünscht. Die Schwingen ruhen auf dem Schwanz. Er bildet mit dem Rücken eine ununterbrochene nach hinten abfallende Linie. Bis auf den Hellstorch, er existiert auch belatscht, sind alle Farbschläge glattfüßig und glattköpfig. Am weitesten verbreitet ist der Hellstorch (unser Bild). Neben ihm gibt es Farbstörche; bei ihnen werden der Kopf, die Schwungfedern und der Schwanz farbig gewünscht. Gedachelte haben farbigen Kopf, Schwanz, Schwingen und Flügel. Bei den Kiebitzen sind Kopf, Hals, Rücken, Flügel und Schwanz farbig. Dunkelstörche haben den Kopf bis zu den Ohren und ein Bärtchen in Schwarz. Vom Bart bis zum Brustanfang sind sie violett- oder grünschillernd, dabei noch fein gesperbert. Bauch und Schenkelgefieder sind weiß, die Flügel blaugrau, etwas meliert mit schmalen Binden. Es gibt außerdem noch blaue

Wiener Tümmler

Wie diese Taubenrasse entstanden ist, ist kaum bekannt. Sie sollen – nach Überlieferungen – von Tieren abstammen, die zur Zeit der Türkenbesetzung Österreichs von den Besetzern mitgebracht wurden. Zunächst waren die Tauben klein und tiefgestellt und hervorragende Flieger. Indes, diesen alten Typ findet man heute nur noch selten. Aus diesen Tauben sind dann später – besonders in Wien – die heutigen Wiener mittelschnäbligen Tümmler gezüchtet worden und als Ausstellungstauben heute weit verbreitet. Mit etwas robusterem Körperbau sind sie als Wiener Hochflieger – als Flugtümmler – weit bekannt und ebenso verbreitet. Sie fliegen in fest geschlossenem Schwarm sehr hoch und mit viel Temperament. Der Wiener mittelschnäblige Tümmler ist knapp mittelgroß, dabei schlank und hochgestellt. Der Kopf ist länglich mit kantigem Hinterkopf und niedriger Stirn, zum Schnabel hin in einem Winkel von 35–38° abfallend. Die Augen sind bei allen Farbschlägen

werden. Alle Farben sollen intensiv und gleichmäßig sein, besonders bei den einfarbigen. Tiger immer mit farbigen Schwanz- und Schwungfedern. Komorner Tümmler sind recht fruchtbar und ziehen ihre Jungen auch gut auf. Die Jungen sind jedoch wärmebedürftig. Ist das Frühjahr kühl, so geht leicht die erste Brut verloren. So ist es besser, diese Tauben erst etwas später im Frühjahr zu paaren und dafür im Spätsommer noch eine Brut mehr anzuhängen. Kälteempfindlichkeit bei noch kleinen Jungtieren findet man bei verschiedenen ungarischen Taubenrassen. Komorner Tümmler fliegen im Schwarm. Ab und zu überschlägt sich ein Tier beim Flug. Die Tauben fliegen in mittlerer Höhe und nicht sehr weit. Es sind eben mehr Ausstellungstauben.

und bildet mit der Kopfwölbung eine Linie. Der Schnabel soll bei allen Farbschlägen und allen Zeichnungen hell sein. Bei geganselten und weißen sind die Augen dunkelbraun. Einfarbige und Tiger haben helle Perlaugen. Die Augenränder sollen nicht übermäßig breit sein, bei allen Farbschlägen und allen Zeichnungen aber intensiv rot. Die Schwingen ruhen auf dem Schwanz. Die Beine – immer unbefiedert – werden ziemlich kurz gewünscht. Es gibt bei den Komorner Tümmlern geganselte (unser Bild), einfarbige, Tiger und weißschwingige in allen Farben. Geganselte zeigen Elsterzeichnung mit weißem Kopf. Die Farbe muß bis zum unteren Augenrand reichen und oben mit der Haube abschließen. Unter dem Schnabel wird ein kleiner weißer Bart verlangt. Der Rücken ist weiß. An der Brust reicht die Farbe ziemlich weit hinunter. Bei blauen sind ein dunkler Schatten am Hals und eine dunkle Schwanzbinde vorhanden. Geganselte müssen vor einer Ausstellung geputzt

Komorner Tümmler

Diese Rasse aus der Gruppe der Tümmlertauben stellt die schönste Taubenrasse der Pußta dar. Sie entstand in Komorn, einer Stadt an der Donau. Wir kennen diese Rasse seit Mitte des vorigen Jahrhunderts. Zu uns kamen als erste die geganselten. Einfarbige wurden erst nach 1945 bei uns eingeführt, kurze Zeit später gelangten auch getigerte zu uns, sie wurden jedoch in der Tschechoslowakei gezüchtet. Komorner Tümmler sind heute sehr beliebt, und nicht nur in Deutschland, in Österreich und in Ungarn: sogar in Amerika wird diese schmucke Taube viel gezüchtet. Es sind recht lebhafte Vögel, sie purzeln auch etwas beim Flug. Die Kormorner sind klein, mit kurzer, gedrungener Körperform. Der Kopf ist abgerundet mit breiter und hoher Stirn; er wird stets von einer federreichen Muschelhaube geziert; sie endet in Rosetten in der Nähe der Ohren und setzt sich nach hinten mähnenartig fort. Der Schnabel ist mittellang. Er wird etwas nach unten geneigt getragen

gerade abgeschnitten sein. Etwas putzen muß man vor einer Ausstellung natürlich immer noch. Bei allen Farbschlägen soll der Augenrand blaß sein, blaßrötlich ist aber noch zugelassen, rot aber ist fehlerhaft. Die Hamburger Schimmel zeigen die gleiche Körperform, wie alle Hamburger Tümmler, kommen jedoch nur glattköpfig und mit befiederten Beinen und Füßen vor. Der Schwanz und die Schwingen müssen immer farbig sein, sonst ist das Gefieder getigert. „Schimmel“ stimmt genau genommen nicht, aber sie heißen nun einmal so.

Beine und Füße unbefiedert. Bei den Hamburger Tümmlern gibt es eine Anzahl verschiedener Zeichnungsarten. Da sind zuerst die Elstern mit farbigem Kopf, Hals, Rückenherz und Schwanz in Schwarz, Rot, Gelb, Blau, Silber und Isabell. Farbschwänze sind weiße Tauben mit farbigem Schwanz und kommen in ebenfalls allen Farben vor. Weißschwänze haben farbiges Gefieder. Einfarbige gibt es nur in Weiß. Zum Schluß noch farbige mit weißem Schwanz und weißen Schwungfedern. Früher gab es auch noch einfarbige in allen Farben und farbige mit weißen Schwungfedern, sie werden in der Musterbeschreibung nicht mehr genannt und sind in Deutschland auf Ausstellungen nicht mehr zugelassen.
Die Zucht der Hamburger Tümmler ist nicht sehr schwer. Bei weißschwänzigen und farbschwänzigen muß die Farbe von Ober- und Unterschwanz mit der Schwanzfarbe übereinstimmen. Der Übergang der Farbe zum Rücken und zum Unterleib soll

Hamburger Tümmler

Wie in vielen anderen Städten, so ist auch in Hamburg eine Tümmlertaubenrasse entstanden. Der Hamburger Tümmler (unser Bild zeigt einen geelsterten) stammt ursprünglich von holländischen ab. Aber erst die Züchter aus der Hansestadt gaben ihnen die heutige Körperform. Während Hamburger Tümmler früher einen mittellangen Schnabel hatten und als Flugsporttauben verwendet wurden, sind aus ihnen heute kleine, kurzschnäbelige Ausstellungstauben geworden. Der Kopf ist rund und meist glatt – also ohne Haube –, nur selten von einer Rundkappe geziert. Die Augen sind perlfarben – also hell. Der Schnabel soll möglichst kurz sein, immer aber noch so lang, daß die Tauben ihre Jungen selbst füttern können. Der Hals, kurz und gedrungen, wird leicht nach hinten gebogen, an der Kehle gut ausgeschnitten. Die Schwungfedern ruhen auf dem Schwanz, ohne dessen Ende zu erreichen. Der Schwanz und Rücken bilden eine leicht nach hinten abfallende Linie. Die Beine sind kurz,

Die einzelnen Farbschläge der Orientalischen Mövchen können mit Erfolg miteinander gekreuzt werden. Eine Paarung von Bluette mit Satinette ergibt blaugesäumte Satinetten. Brünetten verpaart mit Satinetten ergeben Satinetten. Werden blaugesäumte Satinetten aus solcher Kreuzung an Bluetten gepaart, erhält man wieder Bluetten. Gesäumte Blondinetten verpaart mit weißbindigen: es fallen in der Nachzucht beide Zeichnungsarten. Natürlich werden auch gelbe mit roten, dunfarbige mit schwarzen und gesäumte mit weißbindigen Blondinetten gekreuzt. – Die Zucht Orientalischer Mövchen ist also sehr reizvoll, wenn auch nicht ganz einfach.

sehen. Die Schwanzfarbe entspricht der Körperfarbe. Aber schwarz- und dungesäumte gibt es auch mit gesäumten Schwanz- und Schwungfedern ohne Spiegelzeichnung. Haben sie aber Spiegelzeichnung, würde sie das sogar noch edler machen. Die Zucht in diese Richtung indes ist so schwer, daß schon etliche Jahre keine spiegelgezeichneten mehr gezeigt wurden. Sehr selten gibt es geschuppte Blondinetten in ganz zarten Zwischenfarbtönen, vollkommen hellgelb, lavendelfarben usw. Orientalische Mövchen gibt es dann noch als Brünetten. Sie sind weiß mit braungesäumten Flügelschild-Deckfedern und graublauem Schwanz. Dann noch Bluetten: weiße mit blauem Flügelschild und weißen -binden, blauem Schwanz mit weißer Spiegelzeichnung. – Silveretten entsprechen den Bluetten, sind nur heller in der Farbe. Dann noch die Sulfuretten mit einem silbergrauen Schwanz und schwefelfarbener Säumung auf den Flügelschild-Deckfedern.

Blondinetten-Mövchen

Wie die Satinette, so ist auch die Blondinette eine Zeichnungsabart der Orientalischen Mövchen. Blondinetten gibt es farbig mit weißen Flügelbinden und geschuppt in allen Farben. Blondinetten sind bei Tauben also keineswegs Blondinen. Die farbigen mit weißen Flügelbinden gibt es in Blau, Schwarz, Isabell, Rot, Gelb, auch sind sie gelbfahl und silberfahl. Gesäumte Blondinetten kommen in den gleichen Farben vor, nur hat bei ihnen jede Flügeldeckfeder einen der Körperfarbe entsprechend schmalen gesäumten Rand, die Flügelschild-Deckfedern sollen stets von weißer Grundfarbe sein. Eigentlich soll diese Zeichnung nur auf dem Flügelschild vorhanden sein, sie greift aber fast immer auf andere Körperteile über. Schwarzgesäumte und dungesäumte sind am ganzen Körper gezeichnet. Die großen Schwungfedern und die Schwanzfedern sollen Spiegelzeichnung haben; jede Feder also mit einem ovalen weißen Fleck ver-

nicht am Ende der Schwanzfeder sitzen, weil dort die Feder noch farbig gesäumt sein soll.

Orientalische Mövchen können nur mit Hilfe von Ammentauben gezüchtet werden, denen man die Eier am besten schon unterlegt. Die Mövchen brüten anstelle der Ammen deren Eier aus und ziehen auch die Jungtiere auf, sie haben ja längere Schnäbel. Die Ammen sollten mittellange Schnäbel haben. Am besten eignen sich glattfüßige Schildtauben als Ammen für die kurzschnäbligen Mövchen. Sogenannte Kopenhagener Elstern, sie wurden in Hamburg für den Schnellflug-Taubensport gezüchtet, eignen sich ebenfalls vorzüglich als Ammen.

ben immer bestrümpfte Beine und Füße. Der Kopf soll möglichst kugelrund sein – spitzkappig oder glattköpfig. Die Augen sind orangefarben bei farbigem Kopfgefieder und dunkel bei weißem. Der Schnabel ist sehr kurz und etwas abwärts geneigt. Die Mövchenkrause – das sogenannte Jabot – wird von einer Reihe krauser Federn am Vorderhals gebildet und muß immer gut entwickelt sein; ebenfalls eine gut sichtbare Kehlwamme. Das Satinetten-Mövchen (unser Bild) ist von weißer Gefiedergrundfarbe, Flügelschild und Schwanz sind gezeichnet, das Flügelschild meist einfarbig mit weißen Binden oder gesäumt. Die Farbe des Saumes reicht von zartem Silberblau bis zu Schwarz. Tiere in Schwarz und Dun haben gesäumte Schwanzfedern, die anderen Farbschläge tragen einen Spiegelschwanz, bei dem die Schwanzfedern farbig sind und am Ende einen weißen Fleck zeigen – den Spiegel. Dieser muß vollständig von einem farbigen Rand umgeben sein; der weiße Fleck darf also

Satinetten-Mövchen

Zur Gruppe der Mövchentauben – Unterfamilie Orientalische Mövchen – gehört diese Rasse. Mövchen sind den Wammentauben verwandt und vermutlich durch jahrhundertelange Zuchtwahl aus diesen hervorgegangen. Ursprünglich waren Griechen und Türken Züchter der Orientalischen Mövchen. Erst den Engländern und Deutschen gelang es aber, den Adel der heutigen Orientalischen Mövchen vollendet herauszuzüchten. Nach Deutschland kamen diese Mövchen zuerst im Jahre 1849 über Kopenhagen, um 1870 die ersten direkt aus der Türkei. Orientalische Mövchen gehören zu den reizvollsten Tauben überhaupt. Es sind ausgesprochen kleine, zierliche und zutrauliche Vögel. Ursprünglich wurden sie auch „Smyrnaer Mövchen“ genannt. Dieser Name indes konnte sich nicht durchsetzen, obwohl die Mehrzahl der eingeführten Tiere tatsächlich aus Smyrna kam. Orientalische Mövchen sind von kleiner, kurzer und gedrungener Körperform, sind tiefgestellt und ha-

blauen können dunkelgehämmerte eingekreuzt werden, in die gelben dann rote usw. Tigerschekken und Fleckenschecken kann man nicht züchten, sondern es müssen farbige und weiße Tiere eingekreuzt werden. Würden Schecken immer untereinander verpaart, so gäbe das nach einigen Jahren rein weiße Nachkommen. Die Deutsche Schautaube ist recht fruchtbar. Sie soll nach Möglichkeit im Freiflug gehalten werden, das fördert die Widerstandsfähigkeit. Bei Volierenhaltung sind die Zuchterfolge weniger gut. Wichtig ist auch hier, daß die Tauben nicht zu fett werden. Deutsche Schautauben fliegen nicht mehr viel, bewegen sich also nicht genug, neigen dann leicht zum Verfetten und legen unbefruchtete Eier.

das Vererbungsvermögen. Die Schautaube zeigt eine etwas gedrungene Form bei fast waagerechter Körperhaltung und ist stets glattköpfig und glattfüßig. Der Kopf soll schön gewölbt sein, die Stirn mit dem Schnabel eine schöne, regelmäßige, schwache Bogenlinie bilden und ohne Unterbrechung in den gewölbten Kopf übergehen. Der Schnabel ist mittellang, seine Farbe ist abhängig von der Gefiederfarbe. Die Schnabelwarzen sind nicht besonders stark entwickelt und dürfen die Bogenlinie des Kopfes nicht überragen. Die Augen sind dunkelrot, nur weiße haben dunkle Augen. An Farbschlägen gibt es blaue mit schwarzen, weißen und ohne Flügelbinden. Gehämmerte und geschuppte haben wir in den Farben Blau, Rot und Gelb. Dann gibt es noch fahle, Fleckenschecken und Tigerschecken sowie Schimmel.

Bei der Zucht verpaart man die einzelnen Farbschläge nicht fortwährend untereinander. In die weißen kreuzt man ab und zu fahle ein, in die

Deutsche Schautaube

Um die Jahrhundertwende begannen einige deutsche und englische Züchter Brieftauben nur für Schauzwecke zu züchten. Das Ziel war, eine in allen Körperteilen edle Brieftaube mit dem Eindruck eines kräftigen und feurigen Fliegers zu schaffen. Aus vorhandenen Brieftauben wurden die schönsten nach Körperform und Farbe ausgewählt: Nun begann die Zucht einer „Schönheitsbrieftaube“. In Deutschland wurde die erste Musterbeschreibung der neuen Rasse im Jahre 1910 veröffentlicht. Anfangs hieß die Taube noch „Schönheitsbrieftaube“, später jedoch „Deutsche Schautaube“. Heute ist die Rasse fast zu einer deutschen Nationalrasse geworden, so häufig sieht man sie auf Ausstellungen. Aber nicht nur bei uns kennt und züchtet man diese Rasse, auch in den USA, der UdSSR und in vielen anderen Ländern. Die Deutsche Schautaube sieht heute nicht mehr wie eine Brieftaube aus. Brieftaubenähnlich sind nur noch die Gefiederfarben, die Zeichnungen und

zänkisch und streitlustig zu sein. Das kann jedoch nicht grundsätzlich gelten, denn nach Dr. Engelmann gibt es Züchter mit sehr friedfertigen Bagdetten.
Bei der Zucht können geherzte mit gedeckten verpaart werden. Gedeckte fallen sogar dann oft, wenn beide Elternteile geherzt sind. Die Zeichnung ist nicht bei allen Jungtieren einwandfrei; auch müssen die Tiere vor Ausstellungen geputzt werden. Einfarbige Tiere zu züchten ist nicht so schwer, beliebter sind jedoch geherzte und gedeckte.

den weißen, geherzten und gedeckten groß und dunkelbraun. Einfarbige haben rote Augen. Sie werden von einem 12 bis 13 mm breiten roten Augenring umgeben. Die Kehle muß gut ausgerundet sein. Hals, Kopf und Schnabel sollen – ohne jede Unterbrechung – eine schöne gleichmäßige Bogenlinie bilden. Die Flügel sind mittellang und werden etwas vom Körper abstehend getragen. Die Beine sind lang und stark. Nürnberger Bagdetten sind stets glattköpfig und glattfüßig. An Zeichnungen gibt es einfarbige in allen Haupt- und Nebenfarben, außerdem noch geherzte. Diese haben eine Elsterzeichnung mit weißem Kopf und weißem Vorderhals. Unter den Augen, bis zum Schnabelansatz, zeigen sie einen kleinen farbigem Fleck, er wird „Bäckchen“ genannt. Die gedeckten haben die gleiche Zeichnung, mit insgesamt farbigem Flügelschild. Der Flügelbug und etwa 10 bis 12 Schwungfedern sollen weiß sein. Wie alle Bagdettenarten, neigen auch die Nürnberger dazu, etwas

Nürnberger Bagdette

In Nürnberg ist diese Taubenrasse geschaffen worden, und zwar aus Tauben, die aus dem Orient (Bagdad) eingeführt wurden. Als Deutsche oder Krummschnabel-Bagdette wurde sie in Nürnberg und Umgebung schon einige hundert Jahre nachgewiesen gezüchtet, ehe sie schließlich zur „Nürnberger" wurde. Der krumme Schnabel ist das wesentliche Merkmal dieser Rasse. Die Nürnberger Bagdette ist eine kräftige Taube, die stolz aufgerichtet steht, jedoch mit waagerechtem Körper. Schlank und lang wird der Hals etwas nach hinten durchgebogen getragen. Bemerkenswert an der Taube ist der Kopf: Er ist lang, schmal und gewölbt. Der Schnabel, er wird hier „Horn" genannt, ist sehr kräftig und setzt die Bogenlinie des Kopfes ohne Unterbrechung fort. Die Farbe des Schnabels richtet sich nach der Gefiederfarbe und der Zeichnung. Bei den geherzten, gedeckten, weißen, roten und gelben ist er fleischfarbig, bei blauen und schwarzen ist er hornfarben. Die Augen sind bei

nicht jedes Jungtier eine gute Zeichnung hat, so macht das wenig aus, denn die Tauben sind sehr fruchtbar und bringen ohne Schwierigkeiten jedes Jahr 4 bis 5 Gelege groß. Werden die Geschlechter danach nicht getrennt, brüten sie auch noch öfter. Die Tauben lieben den Freiflug und gedeihen dann besser als in der Voliere. Man kann sie natürlich in der Voliere auch züchten, allerdings gibt es dann etwas weniger Nachkommen im Jahr.

rechte Körperhaltung. Der Hals ist mittellang und wird senkrecht getragen. Der Kopf – immer von einer Spitzkappe geziert – soll schmal und leicht gewölbt sein. Die Augen sind orangerot, umgeben von gut entwickelten Augenringen, deren Farbe intensiv rot sein muß. Der Schnabel ist lang und kräftig, immer hell wachsfarben. Der Berner Halbschnäbler ist mittelhoch gestellt und glattfüßig. Bei der Rasse gibt es nur zwei Farbschläge: schwarzgescheckt und rotgescheckt. Bei beiden soll der Kopf farbig sein und über dem Schnabelansatz stets eine kleine weiße Stirnschnippe zeigen. Die Schwungfedern sind gebrandet, ebenso die Schwanzfedern. Das bedeutet, sie sind weiß und laufen nach den Enden zu allmählich farbig aus. Die Scheckenzeichnung am Körper der Taube soll möglichst gleichmäßig sein. Die beiden Farben sollen ineinander übergreifen, es sollen jedoch nicht große weiße oder farbige Flecke entstehen. Die Zucht dieser Tauben ist nicht schwer. Wenn auch

Berner Halbschnäbler

Diese Taubenrasse stammt aus der Schweiz. Früher hatten die Tauben einen dunklen Unterschnabel, aber einen hellen Oberschnabel, das erweckte den Eindruck eines halben Schnabels, daher auch der Name. Heute müssen beide Schnabelhälften hell sein, der Name ist jedoch geblieben. Der Berner Halbschnäbler ist ein Nachkomme der alten Türkischen Taube. Ganz früher nannte man ihn in der Schweiz auch Türkentaube. Etwa in der Mitte des vorigen Jahrhunderts bekam die Taube ihren heutigen Namen. Stellt man sich diese Taube ohne Haube vor, erhält man den Anblick der alten türkischen Taube, wie sie heute noch in Spanien anzutreffen ist. Sogar die Zeichnung ist ähnlich; nur daß die türkische Taube in mehr Farbschlägen und Zeichnungen vorkommt als der Berner Halbschnäbler. Dieser nun ist gewissermaßen der Übergang von den eigentlichen Warzentauben zu den Bagdetten (Tauben aus Bagdad). Berner Halbschnäbler sind mittelgroß und zeigen eine waage-

Die Zucht dieser Taubenrasse gilt als leicht. Der Dragoon ist viel weniger scheu als der Carrier; außerdem ist er weitaus fluggewandter. Die Alten ziehen ihren Nachwuchs sorgfältig auf. Bei der Zucht aller Warzentauben sollte man bedenken, daß manche Rassen wegen der Augenränder und der Nasenwarzen beim Sehen behindert sind. Manchmal können sie ein einzelnes Korn nicht treffsicher aufpicken. Zum Füttern werden daher stets Gefäße benutzt. Das Futter soll kräftig sein, wenig Kleinsämereien, dafür mehr Mais, Erbsen und Bohnen enthalten. Die Dragoon-Tauben können im Freiflug gehalten werden, während die Carrier-Tauben sich besser für Volieren-Haltung eignen.

hämmert, Schimmel und silberfahl; fleischfarben ist er bei Rot, Gelb und Weiß. Der innere Augenring soll rund sein, der äußere indes hinter dem Auge schmaler. Der äußere Ring soll weder über den Kopf hinaus, noch bis zur Nasenwarze reichen. Die Schnabelwarzen sind nur am Oberschnabel entwickelt und nicht so stark wie beim Carrier. Die Nasenwarzen sollen von der Schnabelspitze in Richtung zur Stirn kegelförmig allmählich und gleichmäßig an Breite zunehmen und weißgepudert sein. Ober- und Unterschnabel sollen gleichstark sein, dabei kräftig, gerade und an der Spitze so stumpf wie möglich. Die Warzen entwickeln sich erst im Laufe der ersten zwei bis drei Lebensjahre der Taube zu voller Größe. Sie sollen aber auch später im Gewebe fein bleiben und in der Größe mit der Kopfform im Einklang stehen. Die Augen sind rubinrot, nur die gelben haben orangerote Augen und die rein weißen kommen mit dunklen Augen vor.

Dragoon

Diese Tauben wurden früher bei uns Dragoner genannt; werden inzwischen aber auch hier mit ihrem englischen Namen geführt. Ursprünglich eine englische Botentaubenrasse, sind sie dem bereits beschriebenen Carrier verwandt. Moore (1735) sah in dem Dragoon nur eine Kreuzung der Horsman-Taube (Reitertaube – auch Briefträger) und einem Tümmler. Heute wird der Dragoon in Europa und in Amerika gern gezüchtet, während es die Horsman-Taube nicht mehr gibt. Die Dragoon-Taube war früher dem Carrier in der Körperform recht ähnlich. Erst später begann man, ihr eine waagerechte Körperhaltung anzuzüchten. Körperform und Haltung der Dragoon sind also einer Brieftaube ziemlich ähnlich geworden, auch ist er ebenso glattfüßig und glattköpfig. Die Warzenbildung am Schnabel und um die Augen herum ist bei dieser Rasse natürlich wieder sehr wichtig. Die Augen umgibt ein zweireihiger Ring. Er ist blaugrau bei allen Blaufarben, bei Schwarz, rotge-

dann silberfahle, rot- und gelbfahle sowie gelerchte.
Die Zucht ist nicht ganz so schwer wie es zunächst erscheint, denn die Jungen können ohne Ammentauben großgebracht werden. Beachten sollte man, daß die Tiere etwas scheu sind und schlecht fliegen, trotz ihrer Abstammung von Botentauben. Sie sind schwer und haben ein hartes Federwerk. Die Nistfächer müssen geräumig sein und die Seite, an der das Nest steht, sollte nach vorn abgedunkelt werden, damit die Tiere ungestört brüten können. Im Schlag müssen während der Brut Störungen vermieden werden.

ben. Die Bussorah-Botentaube wurde nach England gebracht und aus ihr entstand, als Folge jahrzehntelanger Zuchtwahl, unser heutiger Carrier. Er wird von den Engländern oft als „König der Tauben" bezeichnet und ist eine hoch aufrechtstehende, immer glattköpfige und glattfüßige Taube. Wichtig ist neben der Körperform vor allem die Warzenbildung. Die Augenränder sind dreifach, rund, flach anliegend, und bei ausgewachsenen Tieren überragen sie die Schädeldecke. Die Warzen am Oberschnabel sind gewölbt, walnußförmig und puderweiß. Schnabelwarzen und Augenränder sind erst im Alter von 3–4 Jahren voll ausgewachsen. In dieser Zeit erreicht der Carrier seinen größten Schauwert. Mit 5 Jahren etwa können die Warzen kleinhöckerig werden und wuchern. Die Schnabelwarzen am Unterschnabel sollen etwa 1/4 der gesamten Schnabelwarze ausmachen. An Farbschlägen gibt es einfarbige in Schwarz, Braun, Weiß, Rot, Blau mit schwarzen Flügelbinden,

Carrier

Mit dieser Taubenrasse kommen wir nun zur Gruppe der Warzentauben. Der Carrier wird bei uns seit etwa 1860 gezüchtet. Die Rasse ist aber viel älter, denn schon Moore beschrieb sie 1735. Unser heutiger Carrier ist von Engländern aus einer persischen Botentaube erzüchtet worden. Botentauben in Persien und Syrien beschrieben schon Aldrovandi (1610) und Willughby (1678). Die persische Rasse – sie existiert in ihrer Heimat noch – heißt heute Persischer Carrier. Sie ist schlank, hat einen langen Hals und etwas stärker entwickelte Nasenwarzen und Augenränder als die meisten anderen Taubenrassen. Darwin schrieb 1886 über die Botentauben aus Persien und berichtet, daß sie in einer persischen Abhandlung aus der Zeit um 1780 als Bussorah-Botentauben beschrieben wurde. Diese hatte etwa die Körperform einer Felsentaube, aber längere Beine. Die Nase zeigte eine warzige Haut und die Augenränder waren größer als bei Felsentau-

fliegen oft steil in die Höhe und klatschen dabei laut mit den Flügeln, dann segeln sie mit aufgestellten Schwingen wieder abwärts.
Die Zucht – besonders die der einfarbigen – ist leicht. Die Tiere sind sehr vital und vermehren sich überaus gut. Schwerer ist nur die Zucht der verwandten Hana-Kröpfer aus der Tschechoslowakei. Sie entstanden durch Kreuzungen von Kröpfern mit dem Südböhmischen Kanik. Ihre Grundfarbe ist Weiß. Farbig sind der Kopf mit einem Latz, die Flügel einschließlich der Schwingen und der Schwanz. Die Fußbefiederung wird weiß gewünscht, ist aber stets mit farbigen Federn durchsetzt.

dern und sogar geganselt. Verwandt mit ihnen sind die Weißplattenkröpfer mit weißer Kopfplatte, bei sonst farbigem Gefieder. Zu der Rassegruppe gehört auch der Schalaster Kröpfer – eine farbige Taube mit weißen Flügeln. Der Starwitzer Flügelsteller (immer kappig, einfarbig, geelstert oder als Schimmel vorkommend) ist ein guter Flieger. Er zeigt interessante Flugspiele und segelt viel mit hoch aufgestellten Schwingen. Steiger-Kröpfer sind immer einfarbig. Steller kommen dagegen einfarbig, aber auch weißbindig mit weißer Stirnschnippe – geelstert und getigert – vor. Auch der Elster-Kröpfer, in Sachsen zu Hause, gehört dieser Taubenfamilie an; außerdem noch die Tschechischen Kröpfer, die Tschechischen Eiskröpfer, die Slowakischen Kröpfer. Letztere zeigen jedoch eine etwas gedrungenere Körperform.

Diese Kröpfer sollten alle unbedingt im Freiflug gehalten werden – sie fliegen sehr gern und viel. Manche Arten – besonders die Steller und Steiger –

Schlesischer Kröpfer

Die Kropftaubenrassen, soweit sie in Schlesien oder in Böhmen und Mähren entstanden, sind nahe Verwandte. Unser Bild zeigt einen Schlesischen Schimmel-Kröpfer. Noch vor 50 bis 60 Jahren waren Unterschiede in Form und Zeichnung bei den schlesisch-böhmischen Kröpfern kaum feststellbar. Heute gibt es für viele Rassen eigene Musterbeschreibungen. Die Körperform der schlesisch-böhmischen Kropftaubenrasse ähnelt sich auch heute noch sehr. Schlesische Kröpfer sind aufrechtstehende Tauben und immer glattfüßig, die meisten auch glattköpfig, nur der Starwitzer Flügelsteller ist kappig. Alle Kropftauben dieser Rassefamilie sind schlank, schnittig und überaus temperamentvoll. Der Kropf hat Birnenform, ist an der Brust schön angesetzt und am oberen Ende am weitesten ausgedehnt. An Farbschlägen gibt es die Schimmelkröpfer in Blau, Rot und Gelb. Schlesische Kröpfer gibt es auch einfarbig in allen Farben, selten auch gemöncht, mit weißen Schwungfe-

gen gut und ohne Ammen auf, wie das alle Kropftauben tun. Bei allen Kropftauben ist darauf zu achten, daß die Tiere nicht zuviel Futter oder Wasser auf einmal aufnehmen: Hängekropf oder Verdauungsstörungen könnten sonst die Folge sein. Von Ausstellungen zurückkommende Tiere sollten erst einmal allein gesetzt werden. Sie erhalten dann einige Stunden lang nur ganz wenig Körner und etwas lauwarmes Trinkwasser.

Weiß sind ein Halbmond auf dem Kropf, die Unterbrust, der Bauch, die Schenkel und die Schwingen. Außerdem haben die Tauben eine Flügelrose – 7 bis 12 kleine weiße Federn auf dem Flügelbug. Der Schwanz ist farbig bei schwarzen, blauen, dun- und silberfarbenen Tieren. Bei den roten und gelben Farbschlägen ist der Schwanz jedoch weiß oder fast weiß und bei den rotfahlen ist er mehlfarben. Außer den genannten Farbschlägen sind auch noch rein weiße mit dunklen Augen anerkannt.
Norwich-Kröpfer werden heute sowohl in allen europäischen wie auch in allen englisch-sprachigen Ländern gezüchtet. Bei der Zucht ist darauf zu achten, daß sich die weiße Herzzeichnung nicht zu weit ausdehnt. Erreicht sie die Augen, kommt es zu fehlerhaften Augenfarben. Alle Zuchttiere sollen auch die gewünschte Flügelrose haben. Gelbe und rote dieser Rasse paart man besser nicht untereinander. An die Pflege stellen die Norwich-Kröpfer weniger große Ansprüche. Sie ziehen ihre Jun-

Norwich-Kröpfer

Diese Rasse stellt die älteste englische Kropftaube dar. Sie stammt vom holländischen „Oplooper" (Aufrechtgeher) ab, einer Ur-Kropftaubenrasse. Sie kam 1550 mit flämischen protestantischen Flüchtlingen nach England. Den Norwich-Kröpfer konnte man bis in das 18. Jahrhundert hinein vom Amsterdamer Ballonkröpfer kaum unterscheiden. Später wurde dann der Norwich-Kröpfer mit längeren Beinen gezüchtet, dem Amsterdamer Ballonkröpfer wurden kürzere Beine angezüchtet. Erbteile der Ostfriesischen Slenktaube sind beim Amsterdamer Ballonkröpfer die merkwürdige Form und der Zitterhals. Der Norwich-Kröpfer ist heute eine aufrechtstehende glattköpfige und glattfüßige Taube mit mittellangen Beinen. Die Augen sollten stets orangefarben bis gelb sein. Bemerkenswert ist wieder der Kropf: er ist kugelrund.
Die Zeichnung des Norwich-Kröpfers stellt wieder eine Herzform dar, sie wird auch Halbmondzeichnung genannt. Die Grundfarbe ist also farbig.

allgemeinen bläst der Täuber seinen Kropf stärker auf als die Täubin.
Die meiste Schwierigkeit bei der Zucht bereitet die Zeichnung, aber es muß auch auf gute Form und satte Gefiederfarbe geachtet werden. Wegen des bei Rot und Gelb gewünschten weißen Schwanzes, werden diese beiden Farben jedoch nie so intensiv sein wie Schwarz und Blau.

fes einen Latz. Von der Rückseite der Kappe zieht sich ein weißer Halbmond, er wird nach vorn breiter. Ihm schließt sich nach unten ein 2–4 cm breites farbiges Band an, daher: Bandkröpfer. Die Unterbrust, der Bauch, die Schenkel und die Schwungfedern sind weiß. Der Schwanz ist bei blauen und schwarzen Tieren farbig, bei den anderen Farbschlägen jedoch weiß.

An Farbschlägen gibt es schwarze, blaue, rote, gelbe, gehämmerte, fahle, gelerchte und isabellfarbene, von den Schwungfedern sollen wenigstens 7 der ersten Ordnung weiß sein. Zur Zucht werden wieder ausgleichende Paarungen empfohlen. Nie sollen zwei Tiere mit denselben Fehlern verpaart werden. Ein Tier sollte auf jeden Fall dem Standard entsprechen. Aachener Bandkröpfer sind vital, und sie lieben den Freiflug, der außerdem noch bessere Zuchterfolge bringt als bei reiner Volierenhaltung. Am wertvollsten zur Zucht sind (bei allen Kropftauben) gut blasende Täubinnen, denn im

Aachener Bandkröpfer

Eine mittelgroße Kropftaube ist der Aachener Bandkröpfer. Diese Rasse ist am Niederrhein entstanden und mit dem Altdeutschen Kröpfer und den Ringschläger-Tauben verwandt. Die Ringelschläger blasen ihren Kropf zwar nicht auf, aber ihre Zeichnung, die Form der Haube und auch die Körperform zeigen viele Ähnlichkeiten. Der Aachener Bandkröpfer soll auf mittellangen Beinen aufrecht stehen. Sein Kopf wird immer von einer Haube geziert; sie ist einer Spitzkappe ähnlich, jedoch breiter. Die Augen sind orangefarben, der Kropf gut entwickelt und nach vorn und oben am weitesten ausgedehnt. Beine und Füße bleiben unbefiedert. Die Zeichnung, von der die Taube den Namen hat, ist natürlich das interessanteste. Farbig sind der Kopf mit der Innenseite der Kappe und der obere Teil des Kropfes. Die Begrenzungslinie zieht sich von der Kappe in schön geschwungener Linie nach vorn und bildet auf der Mitte des Krop-

1950. Man kreuzte damals Sächsische Kröpfer mit der Böhmentaube. So haben die Bayerischen Kröpfer heute die Form des Sächsischen Kröpfers und die Zeichnung der Böhmentaube, wie sie auch der Florentiner zeigt. Farbig sind also der Kopf mit einem kleinen Latz, die Flügelschilder und der Schwanz. Die Fußbefiederung ist weiß. Die Sächsischen und die Bayerischen Kröpfer können, trotz der Fußbefiederung, gut im Freiflug gehalten werden. Überhaupt sind fast alle Kropftauben weit bessere Flieger, als man annehmen sollte.

gibt es einfarbig in Schwarz, Rot, Weiß, Gelb, auch isabellfarben, blaugehämmert und gelercht. Es gibt sie auch in allen Farben mit weißen Flügelbinden und auch blaue mit schwarzen Flügelbinden und schwarzer Schwanzbinde. Interessant ist, daß bei den isabellfarbenen die Täubinnen immer einen Ton dunkler sind als die Täuber (geschlechtsgebunden). Der Kenner kann an der Gefiederfarbe eines isabellfarbenen Kröpfers das Geschlecht erkennen.

Die Zucht der weißbindigen ist nicht einfach. Bei guter Gefiederfarbe geraten die weißen Binden häufig zu kurz. Sind aber die weißen Flügelbinden lang und breit genug, verblaßt die Gefiederfarbe leider oft. Man muß also immer versuchen, einen Mittelweg zu finden. Tritt bei blauen Tieren eine rötliche Brust auf – bei den blauen weißbindigen kommt es vor –, ist das ein Fehler.

Ein sehr naher Verwandter dieser Rasse ist der Bayerische Kröpfer. Er entstand erst um das Jahr

Sächsischer Kröpfer

Kropftauben gehören zu den ältesten europäischen Haustaubenrassen. Schon auf den Gemälden alter niederländischer Meister findet man bereits 1660 bis 1670 neben anderem Geflügel auch Kropftauben. John Moore, ein Engländer, beschrieb 1735 schon vier verschiedene Kropftaubenrassen. Früher glaubte man, die ersten derartigen Tauben wären in den Niederlanden entstanden, heute weiß man das aber besser. Schon im Jahre 1345 gab es Kropftauben in Spanien, wie ein Manuskript im Museum von Madrid beweist. Der Sächsische Kröpfer (unser Bild) ist im vorigen Jahrhundert aus Altholländischen Kröpfern in Sachsen als große aufrecht stehende, dabei immer glattköpfige Taube gezüchtet worden. Der Kropf ist ziemlich groß, zeigt eine längliche Form und reicht bis zur Brust, dort ist eine Taille sichtbar. Die Beine sind recht lang und befiedert, die Füße sollen immer stark belatscht sein. Die Augen sind bei allen Farbschlägen gelbrot bis gelb. Die Sächsischen Kröpfer

rung bringt oft hervorragende glattköpfige Weiße. Werden sie nun kappigen Weißen angepaart, bekommt man wieder gute Weiße mit Kappe und mit den gewünschten mittellangen Latschen. Bei den Blauschimmeln fallen oft zu helle und zu dunkle Tiere aus, die am besten miteinander verpaart werden. Die Lockenbildung zeigt sich schon bei den Jungtäubchen im Alter von 12–14 Tagen. Sie sehen dann einer Bürste ähnlich. Mit Verlassen des Nestes ist die Lockenbildung abgeschlossen. Erst nach der ersten Mauser erreichen sie jedoch ihre wirkliche Größe und Schönheit.

anerkannt, obwohl es – etwa in den USA – auch kappige, federfüßige Lockentauben in anderen Farben gibt. Unsere glattköpfige Lockentaube mit bestrümpften Füßen stammt aus einer ungarischen Taube. Lockentauben werden in manchen Ländern unterteilt in Mailänder Lockentauben und Ungarische Lockentauben. Unser Standard kennt nur eine Rasse, unterscheidet aber in der Beschreibung in kappige mit Latschen und glattköpfige mit Strümpfen.

Die glattköpfigen Lockentauben werden in Weiß, in Schwarz, als Rotschimmel, Gelbschimmel, Blauschimmel und in Weiß mit farbigem Flügelschild gezüchtet. Die kappigen Lockentauben mit Latschen findet man in Deutschland nur in Weiß. Andere Farbschläge trifft man in den USA häufig an. Bei den weißen Lockentauben mit Haube tritt leicht eine etwas zu lockere fransige Feder auf, und die Augenfarbe verliert an Intensität. Zur Verbesserung kreuzt man Gelbschimmel ein. Diese Paa-

Lockentaube

Auch diese Taubenrasse gehört noch zur Gruppe der Struktur-Tauben. Sie besteht hier aus gedrehten Federn. Die Lockenbildung kommt durch eine Verlängerung der oberen Federfahne zustande, sie wird nach oben schmaler und ringelt sich. Die Federn des Flügelschildes sollen korkenzieherartig in Richtung zum Kopf hin gedreht sein. Lockenbildung gibt es auch auf anderen Gefiederteilen, gefordert wird sie jedoch nur auf dem Flügelschild. Eine solche Lockenbildung – wir kennen sie auch von Gänsen – ist bei verschiedenen Taubenrassen in verschiedenen Ländern unabhängig voneinander durch Mutation (sprunghafte Veränderung der Erbanlage) entstanden. Über die erste Lockentaube berichtet Aldrovandi in seiner *„Ornithologia“* (1610). Er beschreibt eine weiße Taube mit Hosen und krausen Federn *(Columba crispipennis* – Ein Taub mit krausen Feder . . .). Von dieser Taube stammt unsere weiße, federfüßige Lockentaube ab. Sie ist bei uns auch heute noch nur in Weiß

kelgefieder gestutzt. Perückentauben können ihre Jungen zwar selbst aufziehen, viele Züchter indes verwenden Ammentauben, denen sie bereits die Eier unterlegen (an Stelle der eigenen). Die Perückentauben ziehen die vitaleren Jungen ihrer Ammen besser auf als die eigenen. Man soll beim Zusammenstellen der Paare auf Ausgleich bedacht sein und nie zwei Tiere mit zu weichen Federn verpaaren.

farbschildige, weißschildige, Farbschwänze, Weißschwänze, gemönchte, getigerte und spiegelschwänzige – also einfarbige mit weißer Schwanzbinde.
Neben unserer international bekannten Pfautaube gibt es zahlreiche Abarten, sie werden aber nicht in allen Ländern gezüchtet. Unter einer „Indischen Pfautaube“ versteht man heute eine kappige, federfüßige Taube, wie man sie in den USA und in Hongkong – vereinzelt auch schon bei uns – in vollendeten Exemplaren findet. Indien selbst beheimatet heute sowohl kappige wie auch glattköpfige Pfautauben.

Perückentaube

Die Herkunft dieser Strukturtaube ist bisher ungeklärt geblieben. Dr. Engelmann sieht in einer mähnenfiedrigen Taube aus Indien die Stammform der Perückentaube. Um die Mitte des 16. Jahrhunderts kamen diese Tiere nach Holland und Belgien. Wieder einmal waren es Engländer und Deutsche, die aus der Ur-Perückentaube unsere heutige vollendete Rassetaube schufen. Dann gibt es noch den Asiatischen Kapuziner – eine Tümmlertaubenrasse mit weniger ausgeprägter Perücke – sie ist ohne Zweifel vom gleichen Stamm. Welche dieser beiden Rassen die ältere ist, wird sich wohl nicht mehr feststellen lassen. Der Kapuziner entwickelte sich in Holland zum Altholländischen Kapuziner. Gewissermaßen ein Zwischenglied ist die Altspanische Perückentaube (Paloma Monjin). Unsere heutige Perückentaube steht sehr aufrecht und ist mittelgroß. Der Kopf wird durch die Federstruktur geprägt. Diese besteht aus der Kette, der Mähne und dem Hut. Die Struktur soll einer Chrysanthe-

menblüte ähnlich sein: Vom Mittelpunkt aus wachsen die Federn strahlenförmig nach allen Seiten. Der Hut bildet den oberen Teil der Struktur, aus ihm schaut der Kopf wie aus einer Kapuze hervor. Die Kette besteht aus den nach vorn gerichteten Federn; sie schmiegen sich den Backen an, decken die Augen und den Schnabel ab und ziehen sich bis zur Brust hin. Der hintere Teil der Struktur ist die Mähne. Sie soll dicht sein und im Hut enden. Perückentauben sind glattfüßig, die Augen perlfarbig. Es gibt weiße, getigerte, fahle und gemönchte Perückentauben. Gemönchte haben einen weißen Kopf, weiße Schwungfedern und einen weißen Schwanz.

Bei den Zuchttieren wird vor der Zuchtzeit das Gefieder so beschnitten, daß die Tauben in der Sicht nicht behindert sind. Außerdem wird empfohlen, das Gefieder um den After herum zu beschneiden, damit bessere Befruchtungsergebnisse erreicht werden. Schließlich wird auch das Schen-

weit nach rückwärts gebogenem Hals, daß der Kopf auf dem Schwanzkissen ruht. Der Hals ist lang und S-förmig; ist die Taube erregt, zittert er. Die Pfautaube steht aufrecht mit so weit wie möglich aufgerichteter und herausgedrückter Brust. Die Schwungfedern ragen unter die tiefsten seitlichen Schwanzfedern. Der Schwanz wird steil und, von der Seite gesehen, senkrecht getragen. Er soll so breit wie möglich sein; dabei berühren die beiden äußeren Schwungfedern den Erdboden leicht. Der Schwanz soll aus langen und breiten Federn bestehen, die sich etwas überdecken; er wird kreisrund getragen. Die Frisur (etwas ausgefranste Federfahnen) soll höchstens 3 cm von der Spitze der Federn herabreichen und nicht wie zerschlissen erscheinen. Die Anzahl der Schwanzfedern spielt bei der Bewertung keine Rolle, es können aber bis zu 30 Schwanzfedern vorhanden sein. Unsere Pfautauben sind glattfüßig und glattköpfig. Sie kommen in allen Farben einfarbig vor, außerdem gibt es

Pfautaube

Neben der gewöhnlichen Haustaube, wie sie verwildert auf den Straßen und Plätzen unserer Städte anzutreffen ist, dürfte wohl die Pfautaube mit hocherhobenem Fächerschwanz am bekanntesten sein; ist sie doch eine der ältesten Haustaubenrassen und wurde im 16. Jahrhundert aus Indien nach Holland eingeführt. Vermutlich ist Indien aber nicht ihre Ur-Heimat. Vielmehr wurde sie in Indien aus einer persischen Tümmlertaube mit gefächertem Schwanz herausgezüchtet. Abul Fazl beschrieb 1590 zwar die Tauben des Großmoguls Akbar von Ostindien, dessen Tauben stammten aber aus Persien; darauf hat Nawab M. Aladin 1886 ausdrücklich hingewiesen. Die ersten aus Indien hier eingeführten Pfautauben waren den heutigen nur ähnlich. Sie trugen Trichterschwänze und oft eine Kappe. Erst englische, deutsche und besonders schottische Züchter haben dann die moderne Pfautaube erschaffen. Eine Pfautaube präsentiert sich auf Zehenspitzen stehend und mit so

sie kaufen kann, sind für diese großen Tauben oft zu klein. Einen Durchmesser von 24 cm sollten sie zumindest haben. Der Schautyp der Kingtaube bringt weniger Nachzucht als der Nutztyp, dieser wird bei uns nicht gezüchtet, ist nicht so schwer, dafür im Körper etwas länger.

ausgerichtet. Alte Tiere sollen ein Gewicht von 900–1 200 Gramm erreichen.
Die Höhe der Tauben soll etwa 30 cm, ihre Länge, von der Brust bis zum Schwanzende gemessen, 24 cm und die Brustbreite etwa 12 cm betragen. Kingtauben sind stets glattfüßig und glattköpfig. Es gibt den Ausstellungstyp heute in folgenden Farben: Weiß, Silber, Blau (und blaugehämmert), Schwarz, Dun, Rot und Gelb. Die Augen sind bei den weißen dunkel, bei den silberfarbenen perlfarbig, bei allen anderen Farben feurig-orangerot. Der Augenrand soll möglichst schmal sein, dessen Farbe bei den weißen lebhaft rot und bei den anderen Farbschlägen je nach der Gefiederfarbe grau oder fleischfarben. Die Ausstellungs-Kingtauben sind nicht sehr fluggewandt, man hält sie also besser in der Voliere. Das Nistregal soll nur aus zwei geräumigen Fächern übereinander bestehen, zumal die schweren Tauben ein höheres Nistfach nicht anfliegen können. Die Nistschalen, wie man

Kingtaube

Diese Huhntaube ist eine junge Rasse. Sie entstand in Nordamerika um 1890. Von ihrem Züchter, Harry Baker aus Elmer (New York), wurde sie später Kingtaube genannt. Baker kreuzte Brieftauben, Malteser, Römer und Duchesse. Die Duchesse waren aus Holland eingeführte Fleischtauben und eigentlich nichts anderes als federfüßige französische Mondain. Ziel der Kreuzungen war eine reinweiße, schwere Taube für Schlachtzwecke. Zunächst wurden die Tauben „*White King*" (Weißer König) genannt, denn diese reinen Nutztauben gab es nur als weiße Tiere. Später wurde für Ausstellungen neben dem Nutztyp ein Schautyp geschaffen, und den gibt es heute in vielen Farbschlägen. Obwohl wir in Deutschland die Kingtauben schon kannten, gelangten die ersten Tiere erst nach 1945 zu uns. In den letzten Jahren ist diese ungemein schwere aber kurze Taubenrasse sehr populär geworden. Die Kingtaube ist äußerst dick, kurz und gedrungen, und das Zuchtziel hierauf besonders

Zeichnung). Diese Zeichnung kommt bei den Modenesern auch in allen Taubenfarben vor, ebenfalls weiß- und braunbindig. Früher gab es auch weiße Schwungfedern. Die „Magnani“ zeigen dunkelgraues oder silbergraues Grundgefieder mit schwarzen oder braunen Federn durchsetzt. Modeneser sind von allen Huhntauben die gewandtesten Flieger, ebenso die verträglichsten und fruchtbarsten Vögel. Sie lieben den Freiflug – besonders der „Deutsche Modeneser“. „Englische Modeneser“ kann man in der Voliere recht gut züchten.

fremde Tauben einzufangen. Dieser Sport wird heute nicht mehr ausgeübt. Die Modeneser sind eine der ältesten bekannten Taubenrassen. Bonizzi weist in seinem Werk (1873) *„La Variazoni di Columbi di Modena"* darauf hin, daß diese Rasse bereits im 1. Jahrhundert unserer Zeitrechnung erwähnt wurde. Modeneser bilden zudem (neben den Katalonischen Tümmlern) die Rasse mit den mannigfaltigsten Farbschlägen und Zeichnungen. Zunächst unterscheidet man zwischen *„schietti"* (einfarbig), *„gazzi"* (zweifarbig) und *„magnani"* (vielfarbig). Die alte italienische Fachliteratur weist über 200 verschiedene Farbschläge bei den Modenesern auf. Schietti kommen einfarbig in allen Taubenfarben vor; außerdem auch mit weißen, viele Farben auch noch mit braunen Flügelbinden. Das Flügelschild kann zudem noch geschuppt sein. Bei den „Gazzis" ist die Grundfarbe Weiß. Farbig sind der Kopf mit einem kleinen Latz, die Flügel und die Schwingen sowie der Schwanz (Strasser-

Modeneser

Die Modeneser stammen aus der Stadt Modena, in Oberitalien. Nach Deutschland kamen diese Tauben um 1860. Heute sind die Modeneser überall auf der Welt bekannt und sehr populär. Leider gelten für sie nicht in allen Ländern einheitliche Zuchtrichtlinien. So entstanden „Deutsche Modeneser“ und „Englische Modeneser“. Bei uns sind beide Zuchtrichtungen anerkannt; ausgestellt aber werden die Tiere in getrennten Klassen. Die englischen werden, auch bei uns, „Modena“ genannt. Die deutsche Zuchtlinie stellt eine kleine Huhntaube dar, sie wirkt trotz verhältnismäßig langem Hals und langen Beinen elegant und schnittig. Die englische Zuchtlinie präsentiert eine kurze und gedrungene Taube. Der Schwanz beider Zuchtlinien wird kurz und erhoben getragen. Die Modeneser waren ursprünglich Flugsporttauben und wurden in ihrer Heimat wie Tümmlertauben zum Flug aufgelassen. Man betrieb mit ihnen einen sogenannten Fangtaubensport, bei dem es darauf ankam, möglichst viele

mästen und sie in der Zucht versagen lassen. Damit die jungen Huhntauben im Nest nicht krumme Beine bekommen, wird empfohlen, zunächst kleinere Nistschalen zu verwenden. Bei der Zeichnung des Florentiners muß darauf geachtet werden, daß der Latz höchstens bis zu 4 cm unter den Schnabel reichen darf und die Zeichnung am Hinterkopf abschließen muß. Der Nacken soll immer weiß sein, das farbige Flügelschild aber schön gerundet. Um das zu erreichen, müssen die ersten 7 bis 9 Schwungfedern erster Ordnung weiß sein. Vor der Ausstellung muß man Florentiner stets putzen.

ser Zeichnung kommen die Tauben in folgenden Farben vor: Schwarz, Blau mit schwarzen Flügelbinden, Blau mit weißen Flügelbinden, Blau ohne Flügelbinden – auch blaugehämmert –, Rot, Gelb, fahl, gelercht, silbern und marmoriert.
Bei der Zucht sollte beachtet werden, daß die großen Huhntauben, wie Florentiner, Malteser und Huhnschecken, wenig fluggewandte Tauben sind. Daher muß ihr Taubenschlag nicht zu hoch gelegen sein; besser zu ebener Erde mit einer Anflughöhe von höchstens 2 m. Huhntauben haben die Angewohnheit, auf dem Erdboden umherzulaufen, anstatt zu fliegen. Sie benötigen deshalb entsprechend große Nistzellen. Vor allem ihres zänkischen Wesens wegen, sollten diese Huhntauben genügend Bewegungsfreiheit haben. Ihrem Pfleger gegenüber werden die Huhntauben indes schnell zahm. In der Brut und Aufzucht sind sie zuverlässig und brauchen kräftiges Futter. Standfutter aber nicht. Das würde die Tiere nur unnötig

Florentiner

Mit dieser Rasse kommen wir nun zur Gruppe der Huhntauben. Der Florentiner stammt aus Italien, erhielt die heutige Körperform und Größe aber in Österreich. Von dort aus gelangte er vor etwa 150 Jahren zu uns. Heute fehlt diese interessante Taubenrasse auf keiner unserer großen Geflügelausstellungen mehr. Der Florentiner hat eine huhnartige Körperform, ist schwer und stark, steht aufrecht mit langem Hals; auch die Beine sind sehr lang. Diese Tauben sind immer glattfüßig und glattköpfig mit recht kurzem Schwanz, der etwas nach oben angezogen getragen wird. Dadurch wird der huhnartige Eindruck der Taube noch verstärkt. Die Zeichnung erinnert uns an die Strasser, doch sind beim Florentiner – wie bei der Böhmentaube und dem Südböhmischen Kanik – die Schwungfedern weiß. Die Gefieder-Grundfarbe ist also weiß. Farbig sind der Kopf bis etwa 3–4 cm unterhalb des Schnabels, das Flügelschild und der Schwanz (einschließlich Ober- und Unterschwanz). Mit die-

mer glattfüßig vor. Auch sie sind große und schwere Tauben, erreichen aber nicht ganz die Länge der Römer, sind dafür aber etwas fluggewandter. Nahe Verwandte der Römer sind auch die Ungarischen Riesentauben mit einer Muschelhaube und sehr starker Fußbefiederung. Sie werden in allen Farben gezüchtet und wurden auch schon auf deutschen Ausstellungen gezeigt.

binden, fahle mit roten Flügelbinden, schwarze, rote, gelbe, weiße und Schecken. Die Römer sind erst mit 2 Jahren voll ausgewachsen.
Weil die Tauben schwerfällige Flieger sind, sollten die Nistfächer niedrig angelegt werden. Auch die Schlaganflughöhe darf nicht mehr als 1,5 Meter betragen. Der Schlag muß geräumig sein und darf nicht mit zu vielen Tieren besetzt werden. Die besten Zuchterfolge werden erzielt, wenn in einem Schlag nur 4–5 Paare gehalten werden. Römer legen nicht so häufig wie leichtere Tauben. Schwierigkeiten mit der Farbe, Zeichnung oder Körperform treten kaum auf. Als Zuchttauben sollte man genügend große Tiere benutzen. Aber: große Flügelspannweite allein genügt nicht.
Die gleichen Zuchthinweise gelten auch für die Montauban-Tauben – sie stammen ebenfalls aus Südfrankreich. Vom Römer unterscheiden sie sich durch eine federreiche Muschelhaube. Die Montauban kommen einfarbig in allen Farben und im-

Römer

Trotz ihres Namens stammt diese zur Gruppe der Riesentauben gehörende Rasse nicht aus Italien. Heimat der Römer ist Südfrankreich. Hier wurden sie aus Kairuan-Tauben (Tauben aus der Stadt Kairo) erschaffen. Der Name Römer ist einem Übersetzungsfehler früherer Autoren zuzuschreiben. In Frankreich hießen sie „pigeon romain". Das heißt „romanische Taube" und nicht „pigeon roman", also nicht „römische Taube".
Die Römer sind wahre Riesen unter den Tauben – mehr als doppelt so groß wie gewöhnliche Feldtauben – mit einer Flügelspannweite von 95 bis 100 cm. Blaue und fahle kommen auch mit 110 cm Flügelspannweite vor. Das Körpergewicht der Tauben beträgt etwa 1 000 Gramm. Der Körper, er wird langgestreckt gewünscht, soll nach hinten nur wenig abfallen. Die Römer sind immer glattfüßig und glattköpfig, farbige Tiere haben Perlaugen, also helle. Weiße Tiere haben dunkle Augen. An Farbenschlägen gibt es blaue mit dunklen Flügel-

fig fallen aus einem Zuchtpaar sowohl gute als auch fehlerhaft gezeichnete Tiere an. Auch hier eignen sich Tiere mit viel Farbe besser zur Weiterzucht, als Tiere mit viel weißen Federpartien im farbigen Gefieder. Auch sollten die Zuchttiere stets genügend groß sein. Lahoren müssen vor der Ausstellung geputzt werden. Dabei werden einzelne kleine, in der Farbe fehlerhafte Federn abgeschnitten, nicht ausgezupft. Tiere mit so vielen fehlerhaft gefärbten Federn, daß sie nicht unauffällig geputzt werden können, sind nicht schaufähig. Gute Zuchttiere indes können sie trotzdem sein.

rajee-Tauben aus Indien eingeführt, und aus ihnen schließlich die heutigen Lahoren erzüchtet.
Die Lahore hat eine sogenannte Mantelzeichnung. Bei ihr läuft eine schön geschwungene und scharf begrenzte Linie zwischen oberseits farbigem und unterseits weißem Gefieder. Die Linie beginnt an der Schnabelwarze und geht 3–5 mm über dem Auge an den Seiten des Halses entlang bis zu den Schultern. Flügel und Oberrücken sind farbig, das übrige Gefieder ist weiß. Mit der beschriebenen Zeichnung gibt es die Tauben in den Farben Schwarz, Rot, Gelb, Blau mit Binden, dann blaugehämmert, silberfarbig und noch in einigen Zwischentönen. Die Beine und Füße sind kurz, aber dicht befiedert. Die Befiederung soll an den Füßen kreisrund die Zehen bedecken. Beim Kauf von Lahoren müssen nicht unbedingt einwandfrei gezeichnete Tiere gekauft werden, denn es können durchaus ein einwandfrei und ein fehlerhaft gezeichnetes Tier miteinander verpaart werden. Häu-

Lahore

Die Lahore ist eine der wenigen Taubenrassen, die aus Indien zu uns kamen. Sie stammt von der Sherajee-Taube ab und kam nach Akbar Khan (1590) aus Persien, aus der Stadt Schiraz, nach Indien. Trotz des hohen Alters dieser Rasse – die Sherajee-Taube hatte schon damals die gleiche Zeichnung wie die heutige Lahore – wird die Zeichnung nicht immer einwandfrei vererbt. Von allen Taubenrassen, die es heute gibt, ist die Zucht einwandfrei gezeichneter Lahoren wohl am schwersten, damit aber auch sicher von besonderem Reiz. Die Lahore ist etwas für Liebhaber mit Geduld und Ausdauer. Sie ist sehr zahm und friedlich, was man nicht von jeder Taubenrasse behaupten kann, und sie besticht durch ihre einmalige Zeichnung. Die heutige Lahore ist groß und ziemlich schwer, im Gegensatz zu ihren Vorfahren, der mittelgroßen Sherajee-Taube. Als Rasse ist die Lahore eigentlich ein Produkt englischer und deutscher Liebhaber. Um 1850 wurden die ersten She-

schwerer als die von geschuppten mit Schilfschwingen. Auf Ausstellungen werden daher geschuppte mit Schilfschwingen stets in der Überzahl sein. Bei der Zucht der Strasser dürfen nie zwei gleich fehlerhafte Tiere verpaart werden. Ein Partner sollte stets ohne Fehler sein. Weiche Befiederung – besonders bei roten und gelben häufig – soll auch nie bei beiden Tieren eines Paares vorkommen, weil das in der Nachzucht zu Haarfedern und damit zu Einbußen im Flugvermögen führt. Die Strasser dürfen nicht zu fett gefüttert werden, besonders nicht im Winter. Gutes Futter für diese schweren Tauben ist eine Mischung aus Bohnen, Mais, Erbsen, Wicken und Gerste. Weizen und Ölsämereien sollten nur in kleinen Mengen verabreicht werden.

Fleischtauben – sind sie damit schon zu schwer. Diese schweren Tauben brüten weniger häufig als leichtere Feldtauben. Sie sind auch nicht mehr in der Lage, auf den Feldern nach Körnern zu suchen.
So sind unsere Strasser, immer glattfüßig und glattköpfig, zu Ausstellungstauben geworden. Die Grundfarbe ist Weiß; farbig sind der Kopf (mit einem kleinen Latz), die Flügel, die Schwingen, der Rücken und der Schwanz. An Farbenschlägen gibt es rote, blaue, gelbe und schwarze. Alle Farbenschläge gibt es auch mit weißen Flügelbinden, gehämmert und geschuppt; außerdem noch fahle und silberfarbige (mit und ohne Flügelbinden) und gelerchte. Geschuppt, gehämmert oder gelercht ist natürlich immer nur das Flügelschild. Geschuppte gibt es mit farbigen Schwungfedern und mit Schilfschwingen. Die Schilfschwingen zeigen farbige Federn mit einem weißen Streifen. Die Zucht von geschuppten mit farbigen Schwungfedern ist

Strasser

In der kleinen Stadt Nikolsburg, in Mähren, ist um 1850 diese Taubenrasse erzüchtet worden. Ihre Vorfahren waren Feldtauben, Kropftauben und die zur Gruppe der Huhntauben gehörenden Florentiner. Als Erbe der Florentiner, gab es zunächst auch Strasser mit weißen Schwungfedern. Später jedoch wurden in der Musterbeschreibung der Strasser nur noch Tiere mit farbigen Schwungfedern als echt anerkannt. Strasser mit weißen Schwungfedern verschwanden merkwürdigerweise aber nie. Heute sind diese – in der Körperform etwas abgewandelt – als „Böhmentaube“ anerkannt. In der Tschechoslowakei entstand aus ihnen der „Südböhmische Kanik„. Der Name Strasser ist abgeleitet von Straße, weil diese Tauben in ihrer Heimat – Böhmen und Mähren – gern auf den Dorfstraßen nach Körnern suchten. Unsere heutigen Strasser sind schwere Tauben mit einem Körpergewicht von 600–800 Gramm. Als ausgesprochene Nutztauben – sie gehören zur Gruppe der

weis gilt gleichermaßen für geschuppte wie für die weißbindigen, wenn weißschwingige gezüchtet werden sollen. Bei der Zucht auf farbigschwingige sind besonders dunkle Tiere mit einwandfrei farbigen Schwungfedern zu verwenden. Weißbindige Luchstauben sind leichter zu züchten, zumal bei ihnen weniger Zeichnungsfehler auftreten. Genügend groß aber sollten Zuchtpaare immer sein. Der blaue Farbenschlag zeigt oft einen weißen Rücken, besonders leicht die blaugeschuppten. Das Zuchtziel bei allen Farbenschlägen: ein farbiger Rücken!

einem größeren Anteil farbiger Federn zum Weiterzüchten besser geeignet sind, als Tiere mit überwiegend weißen Federn. Man kann rote mit gelben Dresdener Trommeltauben kreuzen, vor allem, wenn gelbe mit schönen hellen Schnäbeln dabei ausfallen sollen. Die schwarzen sind durch Einkreuzen geschecktер doppelkuppiger Trommeltauben entstanden. Deshalb zeigen sie häufig noch immer weiße Federn am Kopf, was ein grober Fehler ist. Vor einer Schau müssen die Tauben geputzt werden.

Harzburger Trommeltauben gleichen den Dresdenern, mit der Ausnahme, sie haben nur eine Schnabelkuppe, aber keine Haube.

Luchstaube

Diese farbenprächtige Taube kam 1870 aus dem westlichen Galizien zu uns. Als große und schwere Taube gehört sie zur Gruppe der Fleischtauben und erreicht ein Körpergewicht von 600 Gramm. Die Brust ist sehr breit und tief, dadurch wird der massige Eindruck noch verstärkt. Der Kropf wird leicht aufgeblasen. Das ist ein Merkmal ihrer Kropftauben-Vorfahren. Luchstauben sind immer glattköpfig und glattfüßig. In der Zeichnung prägen sich zwei Arten heraus: geschuppte und bindige. Die geschuppten zeigen das Flügelschild, den Rücken und die Schultern gleichmäßig geschuppt. Diese Zeichnung bewirken zwei im oberen Drittel der Federfahne angeordnete ovale, weiße Flecke; bei dem blaugeschuppten Farbenschlag sind diese außerdem noch schwarz gesäumt. Die Schwungfedern können weiß oder farbig sein. Die bindigen sind einfarbig mit weißen Flügelbinden. Auch bei ihnen können die Schwungfedern weiß oder farbig sein. Bei uns findet man hervorragende Luchstau-

ben fast nur mit weißen Schwingen (sie sind leichter zu züchten). In der DDR hat man sich besonders in den letzten Jahren um die farbschwingigen bemüht und allen Schlägen inzwischen farbige Schwungfedern angezüchtet. Bei den beiden genannten Zeichnungen finden wir überwiegend die Farben Blau, Schwarz, Rot und Gelb. In Polen gibt es noch einige Zwischenfarben. Die Luchstauben vermehren sich sehr gut, doch ist die Zucht der geschuppten nicht eben leicht, wie etwa die der weißbindigen. Das Weiß der geschuppten ist auch bei diesen Tauben fortschreitend dominant. Deshalb fallen leicht zu helle Nachkommen mit verwachsener Zeichnung aus einem Paar vollkommen gezeichneter Elterntiere. Zur Zucht sind Tiere mit einigen farbigen Schwungfedern besonders wertvoll. Auch der Unterbauch muß dabei ebenfalls farbig sein. Zum Ausstellen indes kann man diese Tauben nur benutzen, wenn entweder alle Schwungfedern weiß oder farbig sind. Dieser Hin-

und gelbe, bei denen eine etwas hellere Iris jedoch nicht als Fehler gilt. Schwarze sind auch anerkannt; man findet sie aber sehr selten. Blaue Tauben mit weißem Flügelschild zu züchten ist bisher noch bei keiner Rasse gelungen. Dresdener Trommeltauben sind schwer zu züchten, wie überhaupt alle weißschildigen Tauben. Im Jugendgefieder sind die schildigen Tauben fast ganz einfarbig. Die endgültige Zeichnung – das weiße Flügelschild – kommt erst im 2. Lebensjahr klar hervor. Federn, die dann noch nicht weiß sind, werden es auch nicht mehr. Bei der Zucht fallen auch aus einem rein weißschildigen Paar niemals alle Jungtiere rein weißschildig an. Selbst nach der 1. und 2. Mauser bleiben Tiere mit einem mehr oder weniger gescheckten Flügelschild übrig. Sie sind zum Weiterzüchten aber gut zu gebrauchen, Tiere mit weißen Federn in der farbigen Zeichnung aber weniger, denn die weiße Zeichnung dehnt sich bei Tauben leicht aus. Deshalb ist es erklärlich, daß weißschildige Tiere mit

Dresdener Trommeltaube

Bei dieser deutschen Trommeltaubenrasse finden wir die umgekehrte Schildzeichnung wieder: das Flügelschild ist hier weiß und die Grundfarbe jeweils farbig. Seit dem Jahre 1858 ist diese Rasse bekannt. Die erste Beschreibung stand in der „Korth'schen Taubenzeitung". In Dresden ist diese Rasse aus einfarbigen und scheckigen deutschen doppelkuppigen Trommeltauben hervorgegangen. Als Zuchtbasis dienten Tiere mit einzelnen weißen Federchen am Flügelbug, der sogenannten Flügelrose. Fortgesetzte Auslese ließ dann aus der Flügelrose schließlich das weiße Flügelschild entstehen. Tiere mit Flügelrose gab es in Dresden noch im Jahre 1925, und bis zu dieser Zeit wurden sie züchterisch auch noch anerkannt. Heute gelten als Dresdener Trommeltauben nur noch weißschildige Tiere, und sie zeigen immer eine Muschelhaube sowie eine Schnabelkuppe; stark belatscht müssen sie ebenfalls sein. Die Augen sind dunkel mit orangefarbener Iris. An Farbenschlägen gibt es rote

weißen oder blauen Binden, isabellfarben und marmoriert. Schwierigkeiten treten bei der Zucht kaum auf. Nur die Muschelhaube – sie soll von einem Ohr bis zum anderen reichen und recht federreich sein – fällt nicht bei jedem Tier gleich gut aus. Glattfüßige Schildtauben vermehren sich derart, daß man von jedem Paar mit 4–5 Bruten im Jahr rechnen kann. Es fallen also genügend gute Jungtiere an.

sie erscheinen gelb und zusammengerollt. Bei den Fränkischen Samtschildtauben werden diese Schmalzkiele als Rassemerkmal extra gefordert. Bei der Süddeutschen Schildtaube kommen Schmalzkiele nur vereinzelt vor. In ihrer Heimat wird sie „Dache“ genannt. Das ist abgeleitet von „gedachelt“: Die farbige Zeichnung liegt auf der sonst weißen Taube wie ein Dach. Alle Schildtauben haben dunkle Augen. Unsere Süddeutsche Schildtaube hat dazu schmale, fleischfarbene bis rötliche Augenränder. Das Flügelschild soll oval sein. Die Fingerfedern am Flügelbug werden auch farbig erwünscht, sie geben dem Flügelschild eine ovale Rundung. Damit das Flügelschild eine gute Form zeigt, müssen 8–10 Schwungfedern der ersten Ordnung weiß sein, nach Möglichkeit an jedem Flügel die gleiche Zahl. Süddeutsche Schildtauben züchtet man schwarz, rot, gelb, blau mit dunklen Flügelbinden, blaugehämmert, rotgehämmert, silberfarben ohne Binden, silberfarben mit

Süddeutsche Schildtaube

Weiße Tauben mit farbigem Flügelschild findet man mit etwas abgewandelter Körperform überall auf der Welt. Schildzeichnung kommt nicht nur bei Farbentauben vor, es gibt sie auch bei Pfautauben und sogar bei einigen Tümmlertauben in Rußland. Der Rigaer Tümmler wird, neben anderen Farbenschlägen, auch in der Schildzeichnung gezüchtet. Unter den Farbentauben kennen wir die stets stark belatschte Sächsische Schildtaube. Sächsische Schildtauben kommen glattköpfig, mit Muschelhaube und auch doppelkuppig vor. Die Fränkische Schildtaube ist immer glattfüßig und glattköpfig. Sie zeigt in der Schildfarbe besonders viel Glanz, deswegen wird sie auch „Samtschild“ genannt. Die Süddeutsche Schildtaube – unser Bild zeigt sie – ist immer glattfüßig und mit Muschelhaube. Dann und wann gibt es Tiere mit einer besonders glanzreichen Schildfarbe. Diesen Gefiederglanz bewirken sogenannte Schmalzkiele – unentwickelte, wie mit Fett getränkte Federn in der Weichengegend;

gehämmerte zum Verpaaren mit mehligen, wenn die hell gehämmerten in der Grundfarbe (schön goldgelb) vorbildlich und ohne bläulichen Anflug sind sowie rahmweiße Schildfarbe haben. Aus solcher Paarung fallen bindige mehlige. Tiere mit stark bläulichem Anflug in der goldgelben Farbe eignen sich nicht zur Nachzucht, sie sollten sich besser nicht fortpflanzen. Nürnberger Lerchen sind mit den Coburgern nicht verwandt. Von Kreuzungen beider Rassen muß abgeraten werden. Nicht nur die unterschiedliche Größe – Coburger Lerchen sind viel größer – verbietet eine solche Kreuzung, sondern auch die ganz anders geartete Zeichnung.

berger Lerchen sollen stets dunkle Augen haben. Die Rasse ist immer glattköpfig und glattfüßig. Wie alle glattfüßigen Farbentauben vermehren sich die Nürnberger Lerchen gut. Sie brüten fest und füttern ihre Jungen vorzüglich. Man kann bei ihnen jedes Jahr mit 4–5 Bruten rechnen. Die Zucht von hervorragenden Schautieren ist leider nicht ganz leicht. In der goldgelben Farbe zeigt sich oft ein fehlender bläulicher Anflug; auch der Schnabel, er wird wachsfarbig gewünscht, bekommt häufig einen etwas dunklen Anflug. Auch die Hämmerung auf dem Flügelschild bereitet bei der Zucht Schwierigkeiten; sie fällt mitunter zu dunkel oder aber zu hell aus. Für die Zucht indes sind Tiere mit zu dunkler oder zu heller Hämmerung erwünscht, sie erbringen – miteinander verpaart – nicht selten die besten Ausstellungstiere. Zu dunkel gehämmerte Tiere können auch mit bindigen, mehligen gepaart werden, besonders wenn man gute gehämmerte züchten will. Ebenso eignen sich zu hell

Nürnberger Lerche

In Nürnberg und Umgebung entstand diese prächtige Farbentaube. Ihre Ahnen waren hellgraue Feldtauben mit gelber Brust. Zur Verbesserung der Rasse kreuzte man später noch Gimpeltauben ein. Im Jahre 1882 erhielt die Rasse auf dem ersten Geflügelzüchtertag in Berlin dann ihren Namen. Bei der Nürnberger Lerche gibt es zwei Farbenschläge: gelercht (unser Bild) und mehlig. Die gelerchten zeigen an Kopf, Vorderhals, Hinterhals und Brust eine leuchtend gelbe Farbe; zu den Schenkeln hin wird sie allmählich stumpfer. Die Grundfarbe des Flügelschildes und die der Schwungfedern erster Ordnung ist rahmweiß. Das Flügelschild, bedeckt mit schwarzen, dreieckigen Tupfen, zeigt die sogenannte „Hämmerung". Die Flügelbinden sind ebenfalls schwarz. Der Schwanz ist blaugrau und mit einer dunklen Querbinde versehen. Die mehligen sind in den Farben gleich, nur die Hämmerung auf dem Flügelschild fehlt ihnen. Es gibt mehlige mit und ohne Flügelbinden. Nürn-

und federarme Hauben geben. Die glattköpfig ausfallenden Tiere bekämen ebenfalls keine gute Kopfzeichnung, sie würde sich zu weit nach hinten ausdehnen. Mitunter anfallende Jungtiere mit kleinen Federchen an den Füßen und mit farbigen Federn im Schenkelgefieder lassen darauf schließen, daß in den fünfziger Jahren (aus Mangel an guten Tieren) Nürnberger und Sächsische Schwalbentauben eingekreuzt wurden. Tiere mit solchen Fehlern sollte man weder kaufen noch mit ihnen weiterzüchten, zumal heute genug gute Zuchtexemplare vorhanden sind.

Eistauben dürfen unmittelbar vor einer Ausstellung nicht gewaschen werden, weil sonst der Federpuder mit abgewaschen würde und damit das Zarte der Farbe verschwände. Bis sich der Puder wieder bildet, vergehen zwei Wochen. Deshalb sollen die Tiere auch nicht zuviel angefaßt werden.

Thüringer Schwalbentaube

Diese schlichte aber doch schöne Taube wird immer glattfüßig gezüchtet. Es gibt sie mit Muschelhaube und auch glattköpfig. Die Thüringer Schwalbentaube gehört ebenfalls zur Gruppe der Farbentauben und gilt als Urstamm, von dem alle anderen Schwalbentaubenrassen abstammen. Die Grundfarbe der Tiere ist Weiß, farbig ist die Kopfplatte, deren Begrenzungslinie von den Schnabelwinkeln durch das Auge zur Haube (wenn vorhanden) verläuft. Die Haube ist immer weiß. Farbig sind außerdem die Flügel, ohne die Federgruppe des Oberarmes; so bilden die weißen Federn auf dem Rücken wieder eine Herzform. Bei dieser Zeichnung kommen die Tauben verschiedenfarbig vor: schwarz, rot, gelb, blau, silberblau, blau und silberblau mit dunklen Flügelbinden, fahlfarben, lerchenfarbig, gehämmert und marmoriert. Seltener sind weißbindige und weißgeschuppte, sie werden aber auch in den Farben Schwarz, Rot, Gelb und Blau anerkannt. Blaue und silberblaue Farben-

schläge haben immer dunkle Schwungfedern und eine dunkle Schwanzbinde. Bei allen Farbenschlägen sind die Augen dunkel und werden von einem zarten und glatten, fleischfarbenen Rand umgeben. Interessant ist, daß der Oberschnabel bei roten und gelben fleischfarben ist, bei schwarzen und blauen aber schwarz. Die silberfarbigen, lerchenfarbigen und fahlen haben einen hornfarbenen Oberschnabel. Der Unterschnabel ist bei allen Farbenschlägen fleischfarben.

Die Tauben vermehren sich gut, allerdings die genau abgegrenzte Kopfzeichnung wird oft nicht einwandfrei vererbt. Meist erscheint sie dann weiter ausgedehnt als erwünscht. Mit Tieren, deren Kopfzeichnung zu umfangreich ist, sollte besser nicht weitergezüchtet werden. Niemals aber sollten glattköpfige mit muschelhaubigen verpaart werden. Bei solcher Kreuzung würde in der ersten Generation keine Haube vorkommen, bei späterer Nachzucht würde es unvollständige, zu schmale

abheben. Das Gefieder ist etwas locker mit sehr viel Federstaub – Puder genannt –, der die Farbe zart erscheinen läßt. An Farbenschlägen gibt es eisblaue ohne Binden – hohlige genannt –, eisblaue mit weißen Flügelbinden und solche mit schwarzen Flügelbinden, außerdem weißgeschuppte und schwarzgehämmerte. Alle Farbenschläge tragen dunkle Schwungfedern und eine dunkle Schwanzbinde.
Bei der Zucht fallen selbst von erstklassig gezeichneten Elterntieren nicht immer gleichgut gezeichnete Jungtiere. In der Grundfarbe werden geschuppte Eistauben oft zu dunkel, und die Federn-Säumung – sie bewirkt die Schuppung des Flügelschildes – wird schnell zu grob und zu stark. Es werden daher oft hohlige, also Eistauben ohne Flügelbinden oder solche mit weißen Flügelbinden mit geschuppten verpaart, ebenso schwarzgehämmerte mit schwarzbindigen, die Hämmerung bei der Nachzucht nicht zu grob und zu dunkel ausfällt.

Eistauben

Die Heimat der belatschten Eistauben ist Sachsen. Es gibt aber auch glattfüßige Eistauben; sie haben ihren Ursprung in Schlesien. Nur die schwarzgehämmerte, sogenannte „Forellentaube“ nicht; sie war anfänglich das silberne Gegenstück zur goldenen Nürnberger Lerche, wurde aber im Laufe der Zeit so häufig mit glattfüßigen Eistauben gekreuzt, daß sie schließlich zu einem Farbenschlag dieser Rasse wurde. Eistauben gehören zu den ältesten deutschen Farbentaubenrassen. Sie entstanden aus blauen Tauben, deren Gefieder fortschreitend verblaßte, bis sie schließlich eisblau waren. Alle Eistauben sind glattköpfig; bei schwarzbindigen und schwarzgehämmerten sind die Augen rot, bei den anderen Farbenschlägen dunkel. Die Forellentaube – also die glattfüßige schwarzgehämmerte Eistaube – zeigt rotgelbe Augen. Die Grundfarbe der Eistauben ist ein ganz zartes Lichtblau, so wie Eis auf klarem Wasser schwimmend aussieht. Allerdings muß sich die weiße Zeichnung immer gut

Tauben verlassen das Nest mit überwiegend farbigen Flügelfedern und erst nach der Mauser zeigen sich einzelne weiße Flecke oder Schimmel an einigen Federn. Die Federn entfärben sich aber nicht von selbst, vielmehr müssen sie wiederholt ausgezogen werden, und zwar bevor sie voll ausgebildet sind. Bis zu viermal darf eine Feder im ersten Lebensjahr gezogen werden. Sollte sie dann immer noch nicht weiß nachgewachsen sein, kann man das Ziehen im zweiten Lebensjahre fortsetzen. Allerdings entfärbt sich nicht jede Feder; man muß schon große Erfahrungen haben, damit eine einwandfreie Zeichnung entsteht. Nur bei der Flügelschecke kann man die Zeichnung durch Federziehen „künstlich" erreichen. Bei allen anderen Rassen geht das nicht.

Gelb und Silber vor. Außerdem gibt es blaue, silberfarbige, blaugehämmerte und silbergelerchte mit schwarzen Flügelbinden und blaue und silberfarbige ohne Flügelbinden. Weißgeschuppte existieren in den Farben Schwarz, Rot, Gelb, Blau und Silber. Die rot- oder gelbgehämmerten Sächsischen Flügeltauben mit fahlen Schwungfedern werden „Reißerflügel“ genannt, obwohl keine Federn gerissen werden.
Die Zucht der Flügeltauben ist nicht schwer, zumal sich die Zeichnung gut vererbt. Es ist aber anzuraten, den Tieren während der Brutzeit die Latschen etwas zu beschneiden, damit die Eier nicht beschädigt werden. Die Flügelschecke zu züchten ist dagegen schwer. Bei ihr sollen sowohl auf dem Flügelschild wie auch in den Schwingen und den Latschen die Federn abwechselnd weiß und farbig sein, wobei die äußerste, längste Schwungfeder immer farbig sein soll, die 2., 4., 6. usw. ist dann jeweils weiß. Schwierig ist aber nun folgendes: die

Sächsische Flügeltaube

Die engere Heimat dieser Farbentaube sind das Erzgebirge und die Lausitz, doch gibt es auch in Süddeutschland Züchter für diese Rasse. Ursprünglich wurden diese Tauben in Sachsen meist mit Muschelhaube, in Böhmen aber glattköpfig gezüchtet. Die Böhmische Flügelschecke ist aber eigentlich nur eine Abart der Sächsischen Flügeltaube hinsichtlich der Zeichnung. Die Rasse ist schon sehr alt, bereits Bechstein beschreibt sie 1795. Sächsische Flügeltauben sind immer stark belatscht. Die Grundfarbe ist Weiß. Farbig sind die Flügel, mit Ausnahme der Federn des Oberarmes; dadurch erscheint der Rücken herzförmig weiß. Außerdem sind Stirnschnippe und Latschen farbig. Unter Schnippe versteht man einen farbigen Stirnfleck; er soll birnenförmig erscheinen und oberhalb des Schnabels beginnen, aber nicht bis in die Schnabelwinkel hinunterreichen. Die Augen sind dunkel. So gezeichnet kommen die Tauben mit weißen Flügelbinden in den Farben Schwarz, Rot,

Seidenfedrige, die fast flugunfähig sind. Als Freiflieger kann man sie nicht halten. Lachtauben vermehren sich gut, selbst in verhältnismäßig kleinen Räumen. In dem folgenden Bildteil sind die Rassen in der gleichen Art geordnet wie in der Einleitung, es wird also wieder mit den Farbentauben begonnen.

Diese Flugspiele zeigen fast nur noch die Rheinischen Ringschläger – glattfüßige, kappige Tauben mit Mönchzeichnung. Die Belgischen Ringschläger, das Belgische Speelderke (Spieltierchen), und der Smyter sind mehr Ausstellungstauben. Und noch eine Rasse, die genannt werden muß: die Slenk-Taube mit S-förmig gebogenem Hals. Sie zeigt einen merkwürdigen, wellenförmigen Flug. In der Erregung zittert ihr Hals.

Neuerdings zählt man auch die Lachtaube zu den Haustieren. Sie stammt aber nicht von der Felsentaube *Columba liva* ab, kann aber darum auch nicht mit Haustauben gekreuzt werden, und gehört nicht auf den Taubenschlag, sondern in die Vogelstube oder in eine Voliere. Die Lachtaube gehört zur Familie der wilden Turteltauben. Sie ist fruchtbar kreuzbar mit wilden Turteltauben, wilden Lachtauben und der Türkentaube, die unsere Dörfer und Städte bevölkert. Der wissenschaftliche Name der Lachtaube ist *Streptopelia roseogrisea.* Die Abstammung der Hauslachtaube konnten die Wissenschaftler nicht mit letzter Sicherheit klären. Allgemein wird angenommen, daß sie die domestizierte Abart der afrikanischen Lachtaube ist. Es gibt Lachtauben inzwischen auch reinweiß, in einer dunklen Abart und sogar gescheckt, ebenso gibt es

Sehr gute Flugtauben, beim Flug überschlagen sie sich schnell und mehrfach hintereinander, sind die Orientalischen Roller. Sie haben Hängeflügel und einen breiten, gewölbten Schwanz. Dazu gehören auch die Birminghamer Roller. Die Persischen Roller (federfüßig) sind mehr Ausstellungstiere. Zum Rollerflug eignen sich außerdem noch die Galatzer aus Rumänien. Unter ihnen gibt es Hochflieger, nicht purzelnde, purzelnde und perfekt rollende Stämme.
Zum Schluß nun Tümmler, die Bodenpurzler sind. In England und Amerika sind sie entstanden und werden auch bei uns gezüchtet. Von der 10. Lebenswoche an sind sie vollkommen flugunfähig. Mit diesen Tauben werden bei uns jedes Jahr Wettbewerbe im Bodenpurzeln durchgeführt. Bodenpurzler sind glattfüßig und glattköpfig. In Indien gibt es noch die Lotan-Bodenpurzler – schon 1590 wurden sie beschrieben –; bei uns aber werden sie nicht mehr gezüchtet.
Die letzte Gruppe bilden nun die Ringschläger, in Deutschland auch Spielflugtauben genannt. Ihre Eigenschaft ist das Klatschen und Drehen: Wenn die Täubin am Boden sitzt, umfliegt sie der Täuber in engen Kreisen. Beim Flug schlagen die Ringschläger laut klatschend die Schwingen zusammen.

lich; aber bei uns findet man sie nicht. In der Tschechoslowakei entstand der kurzschnäblige Prager Tümmler; er ist dem Breslauer Tümmler ähnlich. Ungarns kurzschnäblige und mittelschnäblige Tümmler ähneln den Wienern und sind mit ihnen verwandt. Interessant sind noch die international weit verbreiteten Komorner Tümmler mit federreicher Haube und die ihnen verwandte Szegediner Tümmler-Taube. Die kleinen Felegyhazer Tümmler, kappig und glattfüßig, werden auch bei uns gezüchtet. Wir lernten sie, wie auch die größeren, klappigen und hängeflügeligen Köroser Tümmler, erst nach dem letzten Kriege kennen. In Ungarn gibt es noch die langschnäbligen Felegyhazer Ganseltümmler; sie erinnern stark an Farbentauben, zumal sie auch größer sind. Dann gibt es schließlich noch in Spanien eine Tümmler-Rasse mit einer unbefiederten, nackten Stelle am Vorderhals, Punalada genannt. Das bedeutet Dolchstich oder von einem Dolch gestochen. Sind die Tauben weiß, wirkt die nackte rote Stelle wirklich so als würde das Tier bluten. Vollkommen nackthalsige Tümmlertauben, also ohne jede Feder am Hals, kommen in Spanien und Rumänien vor. Die rumänischen werden auch in der Bundesrepublik Deutschland gezüchtet.

ler, eine kleine Taube mit Hängeflügeln, Elsterzeichnung, weißer Schwanzbinde und bisher nur in roter und gelber Farbe gezüchtet. Das Gegenstück, in Schwarz, aber ohne Schwanzbinde, ist der Kalugaer Tümmler. Der Kasaner Tümmler, einer der edelsten Kurzschnabeltümmler, kommt in allen Farben vor, er ist leicht federfüßig und zitterhalsig. Nikolajewer Tümmler – einfarbig, weißschwänzig sowie schildig – sind in Deutschland in großer Zahl vorhanden, jedoch fast nur im Flugtyp. Im Flugstil ist diese Rasse – segelnd, schwebend und beim Landen rüttelnd – einmalig. Rigaer Tümmler, obwohl sehr hübsch im Aussehen, gibt es bei uns merkwürdigerweise nicht, wohl aber die verwandten Kiewer Tümmler; sie überschlagen sich beim Flug seitwärts über den Flügel. Asiatische Klatschtümmler – aus Rußland und Persien – sind auch bei uns vorhanden. Die meisten Rassen dieser Taubenfamilie sind federfüßig, klatschen beim Flug laut mit den Flügeln und überschlagen sich beim Flug. Spanische Tümmler, es gibt eine große Zahl in allen Farben und Zeichnungen, sind vor einigen Jahren auch nach hier eingeführt worden, aber noch selten. Einige Syrische Tümmlerrassen kennen wir ebenfalls. Teils sind sie mit den Asiatischen Klatschtümmlern verwandt und ihnen ähn-

Amerika hat mit dem American Show Flight eine eigene Rasse geschaffen, die aber aus dem Hannoverschen Tümmler herausgezüchtet wurde. Tümmlertauben gibt es auch in Australien; sie sind Verwandte der Altholländischen Tümmler. Belgien hat eine Hochflugtaubenrasse und eine Tümmlerrasse, die beim Flug purzelt. Bulgarien brachte zahlreiche Rassen hervor; sie werden bei uns aber noch nicht gezüchtet. Merkwürdige Tümmlertauben gibt es in China: meist mit einem Federwirbel über dem Schnabel. Sie werden nur in ihrer Heimat und in Amerika gezüchtet. Die Dänischen Tümmler sind langschnäblige, hochgestellte Tiere, sie kommen in allen Farben und in vielen Zeichnungen vor. Sie sind der Urstamm der mitteldeutschen langschnäbligen Tümmler, werden aber im Original auch bei uns gehalten. Die deutschen Tümmlertauben unterteilt man in lang-, mittel- und kurzschnäblige. Die Berliner Kurzen sind kleine, kurzschnäblige Tauben mit Federn an den Füßen und leicht zitterndem Hals. Im Gegensatz dazu sind die Berliner Langen Tümmler hochgestellt, schlank, langschnäblig und tragen kurze Federn an den Füßen. Die Berliner Langlatschigen Tümmler haben einen nicht so langen Hals wie die Berliner Langen Tümmler und einen reichlich mittellangen

Schnabel. Berliner Tümmler kommen einfarbig und bunt vor. Bunt bedeutet hier geelstert. Kurzschnäblig sind die Hamburger Tümmler, die Kalotten, die Stettiner und die Breslauer Tümmler. Reinweiße kurzschnäblige Tümmler sind die Königsberger Reinaugen. Weiße Tümmler mit farbigem Kopf und farbigem Schwanz, ebenfalls kurzschnäblig, sind die Königsberger und Posener Farbenköpfe. Gegenstücke dazu sind die Elbinger und Gumbinner Weißköpfe. Hier sollte noch angefügt werden, daß die Berliner Bunten Tümmler wie auch die Posener und Königsberger im Hinblick auf die Zeichnung nicht reinerbig sind. Sie fallen aus der Verpaarung von weißen mit weißschwingigen farbigen Tieren. Gute Purzler sind auch heute noch die kappigen, federfüßigen Ostpreußischen Werfer, Verwandte der Norwegischen, Schwedischen und Libauer Tümmler; ebenfalls der Altdeutsche, bzw. Lausitzer oder Süddeutsche Elsterpurzler. Er ist glattfüßig, glattköpfig und hat einen mittellangen Schnabel. Zu den mittelschnäbligen Tümmlern gehören noch die Kölner, die Bremer, die Memeler und die Hannoverschen. Stargarder Tümmler sind langschnäblig und eine deutsche Züchtung. Bei dieser Rasse zittert der Hals im Erregungszustand stark; ein Merkmal, das sich,

mehr oder weniger gut ausgeprägt, bei verschiedenen Tümmlern findet. Langschnäblig sind dann noch die immer reinweißen Stralsunder, die Danziger mit ihrem breiten und gewölbten Schwanz, die Kasseler und die mitteldeutschen Tümmler. Jene kommen einfarbig und als Magdeburger Weißschwänze, Weißschläge und Weißschlag-Weißschwänze sowie als Braunschweiger Bärtchen vor. Die Bärtchen haben weiße Schwingen mit einem weißen Kehlfleck. Der langschnäblige Elstertümmler, der mittelschnäblige Tippler – ein Dauerflieger, der bis zu 20 Stunden ununterbrochen fliegen kann – und verschiedene Arten kurzschnäbliger Tümmler stammen aus England. Auch in Frankreich gibt es eine Tümmler- und eine Hochflugtaubenrasse. Indische Tümmler kennen wir schon seit langer Zeit, indes nur der Mookee-Tümmler wird bei uns gezüchtet. Aus Jugoslawien – dort gibt es zahlreiche Tümmlerrassen – kam bisher nur der langschnäblige Gatschkaer zu uns. Die Niederländer brachten zahlreiche Rassen hervor, von denen die Niederländischen und Altholländischen Tümmler dem Kölner sehr ähnlich und mit ihm verwandt sind. Ein guter Flieger ist der stets weiße Hagenaar aus Den Haag. Die Norwegischen Tümmler sind dem Ostpreußischen Werfer ähnlich. Auch die

Schwedischen Tümmler gehören zu dieser Taubenfamilie, haben jedoch einen längeren Schnabel. Österreich brachte neben dem Wiener Hochflieger – dem besten Hochflieger überhaupt – die Wiener mittelschnäbligen Tümmler als Ausstellungsabart des Hochfliegers hervor, dann die mittelschnäbligen Wiener Weißschilder und die Wiener Kurzen. Die ungarischen Rassen sind zum Teil ähnlich, weil verwandte Abarten der Wiener. Das gilt auch für die Polnischen Tümmler. Hervorzuheben ist hier jedoch die Polnische Silberelster, ein langschnäbliger Tümmler mit Elsterzeichnung – er wird auch bei uns häufig gezüchtet –, und der Polnische Orlik, eine Flugtaube, verwandt mit dem Nikolajewer Tümmler. Rumänien hat sehr viele Tümmlerrassen. Siebenbürger Tümmler kommen doppelkuppig vor; sie sind auch bei uns vorhanden. Von den anderen Rassen werden bei uns die glattköpfigen und glattfüßigen Brailaer und Ciung zum Flugsport gehalten. Bukarester Hängeflügel-Tümmler und besonders der Craiovaer Tümmler (auch bei uns vorhanden) sind merkwürdige Tauben: sehr tiefgestellt und der Schwanz hängt unter den Flügeln. In Rußland gibt es Hunderte von Rassen, doch nur wenige sind auch bei uns anzutreffen. Am häufigsten ist bei uns der Rshewer Sternschwanztümm-

züchtet worden und zum Flugsport nicht mehr geeignet. Neben weniger bekannten ausländischen Rassen eignen sich zum Flugsport noch die Wiener Hochflieger. Ihre Ausstellungsabart sind die Wiener mittelschnäbligen Tümmler. Als gute Flugtiere gelten auch die Budapester mittelschnäbligen Tümmler, die Danziger Hochflieger und die Nikolajewer Tümmler. Bedingt zum Hochflug geeignet sind noch die Bremer, Memeler und Hannoverschen Tümmler. Zum Rollerflug können Orientalische und Birminghamer Roller verwendet werden. Auch die selteneren Galatzer sind gute Roller. Bei keiner anderen Taubengruppe gibt es so viele verschiedene Rassen wie bei den Tümmlern. Wollte man sie alle beschreiben, ein dickes Buch würde es füllen. So müssen wir uns auf die wichtigsten Rassen beschränken. Die meisten Tümmlertaubenrassen sind in Deutschland, Rußland, Ungarn und Rumänien entstanden. In Rußland, besonders in der Ukraine, hat fast jeder Ort seine eigene Rasse geschaffen. Um die Rassen-Vielzahl überblicken zu können, beschreiben wir sie nach den Herkunftsländern. Das hat allerdings den Nachteil, daß einige nahe verwandte Rassen nicht nacheinander beschrieben werden können. Tümmlertauben gibt es in Afghanistan, Ägypten und Algerien.

Sticken genannt. Mövchen mit der bekannten Schildzeichnung, aber mit einem längeren Schnabel – sie können ihre Jungen also selbst aufziehen – sind die Altdeutschen Mövchen, die Altholländischen Mövchen und das Aachener Lackschild-Mövchen. Turbit-Mövchen mit einem extrem langgezogenen Kopf, auch schildig gezeichnet, findet man in England und Amerika häufiger als bei uns. Den Abschluß bildet das Chinesische Mövchen; es stammt aber nicht aus China, sondern aus Spanien. Das Chinesische Mövchen hat mehrere Federstrukturen: eine Mähne, gebildet von Nackenfedern, ein Kissen an der Brust aus weichen aufwärtswachsenden Federn und das Höschen. Das sind lockere Federn vor den Schenkeln. Gemäß Herkunft, Abstammung und Verwandtschaft ist die Taube ein echtes Mövchen. Der Deutsche Taubenstandard stellt die Rasse jedoch unter dem Namen „Chinesen-Taube" zu den Strukturtauben. In allen anderen Ländern, und auch in der DDR, heißen diese Tauben aber Chinesisches Mövchen und stehen in der Gruppe der Mövchen.

An die Gruppe der Mövchen schließen sich die Tümmlertauben an. Ursprünglich waren alle Tümmlertaubenrassen Flugsporttauben. Heute ist deren Mehrzahl aber zu Ausstellungstauben umge-

Syrischen Segler zeigen interessante Flugspiele. Nun folgen die Mövchentauben, wie die Seglertauben, Verwandte der Wammentauben mit einer kleinen Kehlwamme. Alle Mövchentauben haben einen Federwirbel, Jabot genannt, auf der Brust. Die Orientalischen Mövchen sind ursprünglich aus Kleinasien gekommen. Alle sind sehr kleine Tauben, teils mit kurzer Fußbefiederung und teils auch mit Kappe. Viele Mövchen – wie die Orientalischen, Deutschen und Ägyptischen – haben einen so kurzen Schnabel, daß sie ihre eigenen Jungen nicht aufziehen können. Diese müssen Ammentauben zur Aufzucht anvertraut werden. Orientalische Mövchen sind bekannt als Blondinetten, gesäumt oder weißbindig, als Satinetten, weiß mit gesäumtem Flügelschild, und als Bluetten und Silvretten, mit farbigem Flügelschild und farbigem Schwanz. Die Flügelbinden sind weiß und der Schwanz zeigt eine weiße Schwanzbinde. Ägyptische Mövchen kommen, wie die Tunesischen – die die kleinsten Haustauben sind – einfarbig und gescheckt vor. Deutsche Schildmövchen zeigen Weiß mit farbigem Flügelschild. Bei den Anatolischen Mövchen ist außerdem noch der Schwanz farbig. Es gibt auch farbenschwänzige deutsche Mövchen und weißschwänzige Mövchen, sie werden Hamburger

die Spanier-Taube; sie kommt allerdings nicht aus Spanien, sondern – – aus Sachsen.
Sehr nahe verwandt mit den Warzentauben sind die Wammentauben. Deren Merkmal ist eine recht stark ausgeprägte Kehlwamme unterhalb des Schnabels. Es gibt Syrische Wammentauben in allen möglichen Farben und Zeichnungen, auch mit gelocktem Flügelschild, und Portugiesische Wammentauben. Syrische Wammentauben sind bei uns inzwischen auch wieder vorhanden und schon mehrfach auf Ausstellungen gezeigt worden. Auch Libanontauben sind bei uns wieder vorhanden; sie tragen die gleichen Zeichnungen wie die orientalischen Mövchen: geschuppt, weißbindig und spiegelschwänzig und gehören zu den prächtigsten Taubenrassen der Welt. Der Damascener (aus Damaskus) ist nicht nur eine der ältesten Haustaubenrassen überhaupt, er wird auch bei uns gern gezüchtet. Eisweiß sind diese Tauben mit schwarzen Flügelbinden und schwarzer Schwanzbinde.
Die nächste Gruppe, die der Segler, ist sehr klein. Sie zeichnen sich durch überaus lange Schwingen, extrem langen Schwanz, sehr kurze Beine und kurzen Schnabel aus. Diese Tauben erinnern in der Form an Mauersegler, eine Schwalbenart. Die Ägyptischen Segler sind Ausstellungstauben, die

bildet der Dragoon; er hat einen längeren Schnabel und auch stark ausgeprägte Nasenwarzen. Hier muß zuerst die Brieftaube genannt werden. Ihre heutige Form ist in Belgien aus Warzentauben, Mövchen und Tümmlern erzüchtet. Neben der Brieftaube für den Flugtaubensport gibt es eine ganze Reihe von Brieftaubenrassen; sie werden indes nur für Ausstellungszwecke gezüchtet. Hier müssen die englischen Rassen Exhibition Homer mit flacher Stirn, der ähnliche Genuine Homer, der rundköpfige Show Homer und der kurzschnäblige Show Antwerp genannt werden. Die Schweizer haben ihren Poster, eine kleine Brieftaubenart, und den Eichbühler mit langem und flachem Kopf; er will in keine Taubengruppe so recht passen.
In Deutschland wurde aus den schönsten Brieftauben die Deutsche Schautaube gezüchtet. Sie ist gewissermaßen zur deutschen Nationalrasse geworden. Die Bagdetten zeichnen sich durch kräftigen Körperbau und ziemlich lange Schnäbel aus. Bis auf die Mährische Bagdette sind sie alle glattköpfig. Ebenso sind Bagdetten – wie alle Warzentauben – stets glattfüßig. Am merkwürdigsten wirkt die Nürnberger Bagdette: sie hat einen gebogenen Schnabel. Weiter gibt es Steinheimer, Fränkische, Französische, Tschechische Bagdetten und

warzen, also die die Nasenlöcher überdeckende Haut, besonders stark entwickelt. Oft sind auch die Augenränder ungewöhnlich groß und warzenähnlich, wenigstens bei den eigentlichen Warzentauben. Die Bagdettenarten – der Name soll andeuten, daß der Urstamm aus Bagdad kam – tragen die Nasenwarzen und Augenränder heute nicht mehr warzig, wie in der Anfangszeit der Rasse. Die Brieftaubenarten, ebenfalls im Persischen Carrier wurzelnd, zeigen weniger stark entwickelte Augenränder, aber die Nasenwarzen sind doch noch stärker ausgeprägt als bei den anderen Taubenrassen. Zu den Warzentauben gehört zuerst einmal der Carrier, in England zu seiner heutigen Form erzüchtet. Bei ihm sind Nasenwarzen und Augenränder extrem stark entwickelt. Auch die spanische Flamenca-Taube – eine sehr große und schwere Taube – zeigt besonders starke Warzenbildung am Schnabel. Sie wird bei uns leider noch nicht gezüchtet. Die uralte Türkische Taube lebt auch nur noch in Spanien. Der bekannte Berner Halbschnäbler ist ein naher Verwandter, aber mit Haube. Der Indianer, eine Warzentaube mit etwas kürzerem Schnabel, hatte seinen Ursprung in Nordafrika und heißt in englischer Sprache „Barb“ (Berber). Den Übergang zu den Brieftaubenarten

liche Zeichnung trägt auch der Aachener Bandkröpfer. Sächsische, Altdeutsche und Pommersche Kröpfer kommen einfarbig vor. Schlesische, Böhmische und der Steiger-Kröpfer sind überwiegend einfarbig. Es gibt außerdem noch Elster-Kröpfer, Verkehrtflügelkröpfer, Brünner Kröpfer und die sehr tiefgestellten Amsterdamer Kröpfer. Eine besondere Gruppe gibt es in Spanien: Hängekropf-Kröpfer, von ihnen werden der Valencia-, der Rafeno- und der merkwürdige Marcenero-Kröpfer auch bei uns gezüchtet; sie sind hier aber noch sehr selten. Nach den Kropftauben kommen wir nun zu den Warzentauben.

Obwohl die Gruppe der Warzentauben nicht sehr groß ist, sind die einzelnen Rassen indes in ihrem äußeren Erscheinungsbild recht unterschiedlich. Es erscheint deshalb angebracht, sie zu unterteilen: in Warzentauben, Brieftaubenarten und Bagdetten. Der Urstamm der Warzentauben kommt aus dem Orient. Dort wurden sie früher als Botentauben benutzt. In der Anfangszeit der Taubenzucht kamen aus jener Gegend wohl zwei Rassen nach Europa: die Türkische Taube und der Persische Carrier. Diese beiden Rassen wurden zur Zuchtbasis der heute in Europa bekannten Rassen dieser Gruppe. Bei den Warzentauben sind die Nasen-

ist der Perückentaube eigen. Die langen Federn am Kopf bilden eine Mähne, die den Kopf fast ganz einhüllt. Ihre Heimat war ursprünglich Spanien, doch ist sie erst in England und Deutschland zu ihrer heutigen Pracht erzüchtet worden. Der Altholländische Kapuziner zeigt die gleiche, jedoch nicht so stark ausgeprägte Struktur wie die Perückentaube. Das gilt auch für den Schmalkaldener Mohrenkopf, eine weiße Taube mit farbigem Kopf und Schwanz und sehr langen weißen Latschen.

Die Gruppe der Kropftauben ist wieder etwas größer. Alle Kropftauben haben die Eigenart, ihren Kropf mit Luft zu füllen und ihn übermäßig auszudehnen. Kropftauben sind viel bessere Flieger als man annehmen sollte, sie lieben den Freiflug. Als Ursprungsland der ersten Kropftauben gilt Spanien, aber auch in Holland wurden sie schon um das Jahr 1600 beschrieben. Viele ihrer Rassen sind später in Deutschland und der Tschechoslowakei entstanden. Es gibt glattfüßige und federfüßige Kropftauben, auch glattköpfige und solche mit Haube. Viele Kropftaubenarten tragen einen weißen Halbmond auf dem Vorderhals, haben weiße Schwingen und einen weißen Unterleib. So etwa der Genter, der Altholländische, der Französische, der Englische und der Norwich-Kröpfer. Eine ähn-

vor und als „Schietti“ einfarbig, geschuppt oder vielfarbig. Je nach Körperform unterscheidet man zwischen deutschen und englischen Modenesern; die englischen sind außerordentlich kurz und gedrungen. Die englischen werden offiziell jetzt auch bei uns, wie in England, „Modena“ genannt. Die amerikanische Kingtaube, sie gehört ebenfalls zu den Huhntauben, ist sehr schwer, im Körper kurz; sie wird einfarbig in allen Farben gezüchtet.

Den Huhntauben folgt die Gruppe der Strukturtauben. Hier begegnet uns die bekannte Pfautaube mit ihrem erhobenen und gefächerten Schwanz. Unsere Pfautauben sind glattfüßig und glattköpfig. Im Gegensatz zu ihnen zeigt die Indische Pfautaube – vorwiegend in Amerika gezüchtet – Kappe und befiederte Füße. Obwohl sie prächtig aussieht, findet man sie in Deutschland selten. Häufig dagegen sind die Lockentauben, deren Flügelschild mit gekräuselten Federn ausgestattet ist. In Deutschland werden die Lockentauben glattköpfig und mit schwacher Fußbefiederung gezüchtet, nur die weiße Lockentaube gibt es auch mit Haube und Latschen. In Amerika sind auch andere Farbenschläge mit Kappe und Latschen zu sehen. Die Heimat der glattköpfigen Lockentauben ist Ungarn, die der kappigen Italien. Wohl die merkwürdigste Struktur

in Südfrankreich erschaffen wurden. Es handelt sich um ungemein große, im Flug aber schwerfällige Tauben; sie kommen nur glattfüßig und glattköpfig vor. Ebenfalls aus Südfrankreich stammen die Montauban, sie tragen eine Muschelhaube. Die Ungarischen Riesentauben zeichnen sich durch Latschen und Haube aus. Spanische Riesentauben sind die von Mallorca (Mallorquina oder Colm de Cata Grosso), die Valencia Riesentaube (Tenat Gigante Valencia) und die spanischen großen Mondain-Tauben (Gran Mundana Espagnola). Es ist erstaunlich, daß sie durch den Tourismus noch nicht nach Deutschland gefunden haben.
Nun zur kleinen Gruppe der Huhntauben. Sie heißen ihrer merkwürdigen Körperform wegen so: durch die hohe Stellung und den kurzen, hochgetragenen Schwanz wird man an ein Huhn erinnert. Herkunftsgebiete der Huhntauben sind Tirol und Oberitalien. Am seltsamsten ist die Huhnschecke gezeichnet, bei der ein weißes Band vom Schnabel über den Kopf zum Hinterhals verläuft. Weiß sind außerdem der Hinterhals, die Schwingen und der Unterleib. Malteser sind einfarbige Tauben. Die Florentiner zeigen eine dem Strasser ähnliche Zeichnung, mit weißen Schwingen. Die Modeneser kommen als „Gazzi“ in einer ähnlichen Zeichnung

rechnet. Aus Polen kam um 1850 die heute bei uns sehr häufig anzutreffende Luchstaube mit ihrem geschuppten oder weißbindigen Flügelschild. Französische Rassen sind die Mondain – ungemein schwere Tauben –, die Cauchoistaube und die Carneautaube. Aus dem Elsaß stammt die zartblaue Soulzer Haube und aus Belgien die Renaisien-Taube. Die amerikanischen Texastauben, bei denen man das Geschlecht an der Gefiederfarbe erkennen kann, sind bei uns noch selten anzutreffen. Die Täuber sind immer Rotschimmel, die Täubinnen stets hellbraun. Italienische Fleischtauben – obwohl recht ansprechend in der Form – wie Sottobanca mit Haube und Romagnoli mit Latschen, werden in Deutschland kaum gezüchtet. Das gilt auch für die federfüßigen und kappigen ungarischen Bugatauben.

An die Fleischtauben schließen sich die Riesentauben an; auch dieser Gruppe gehören nicht viele Rassen an. Ursprünglich stammen die Riesentauben von der Kairuantaube ab, die es auch heute noch gibt. Die Mehrzahl der Riesentaubenrassen ist in Frankreich und Spanien entstanden, doch sind die spanischen Rassen außerhalb ihrer Heimat wenig bekannt. In Deutschland werden am häufigsten die Römer gezüchtet, die trotz ihres Namens

gen einen Federwirbel über dem Schnabel, und immer sind sie stark belatscht. Haben sie einen weißen Schwanz, werden sie „Vogtländer“ genannt. Doppelkuppig, aber glattfüßg sind Fränkische Trommeltauben. Alle anderen Trommeltauben sind doppelkuppig und stark belatscht. Sie kommen einfarbig (Deutsche), gemöncht (Bernburger) oder mit weißem Flügelschild (Dresdener) vor. Die Bucharischen – Urrasse aller doppelkuppigen Trommeltauben – haben die größte Schnabelkuppe und auch die längsten Latschen.
Auch die Gruppe der Fleischtauben ist nicht sehr groß. Ursprünglich waren diese Rassen nur Nutztauben und sind erst im Laufe der Zeit zu Ausstellungstauben geworden. Die meisten Rassen dieser Gruppe wurden in Deutschland und Frankreich erschaffen, so die Coburger Lerche mit hellockerfarbener Brust, die Saarlandtaube mit ihrem fahlen Gefiederkleid oder die blaue Münsterländer Feldtaube. Aus Österreich stammt der interessant gezeichnete Strasser; Kopf, Flügel und Schwanz sind bei ihm farbig. Mit ihm verwandt und sehr ähnlich gekennzeichnet präsentieren sich die Böhmentaube und der Südböhmische Kanik. Neuerdings werden Münsterländer Feldtaube, Böhmentaube und Südböhmischer Kanik zu den Farbentauben ge-

dann noch der Dänische Stieglitz; ursprünglich stammt er von der deutschen Silberschuppe, einer Abart der Süddeutschen Startauben, ab.
Die nächste Rassengruppe nennen wir Trommeltauben. Das Hauptmerkmal dieser Tauben ist ihre eigenartige Stimme, die an entferntes Trommelgeräusch erinnert. Trommeltauben werden auf Ausstellungen aber allein nach ihrer Körperform und Zeichnung bewertet; ihre merkwürdige Stimme ist deshalb weitgehend in den Hintergrund des Interesses gerückt. Lediglich in Altenburg (Thüringen) wird noch jedes Jahr eine Sonderschau durchgeführt, auf der diese Tauben nur ihrer Stimme nach bewertet werden. Tauben mit sonderbarer Stimme kannte schon der Inder Abul Fazl (1590), doch stammen unsere Trommeltauben nicht aus Indien, sondern ursprünglich aus Persien (Bucharische Trommeltauben) und aus Mekka (Mekkataube oder Arabische Trommeltaube). Trommeltaubenrassen gibt es nur wenige. Arabische Trommeltauben und Altenburger Trommeltauben sind glattköpfig und glattfüßig. Die Schmöllner Trommeltauben und die Deutschen gabelschwänzigen Trommeltauben sind glattköpfig, aber federfüßig. Bei ihnen teilt sich der Schwanz in der Mitte. Die Deutschen schnabelkuppigen Trommeltauben tra-

der Schwanz weiß, nennt man sie Mäusertauben. Federfüßig sind die Thüringer Weißköpfe mit weißem Kopf, weißem Schwanz und weißer Fußbefiederung sowie der Thüringer Weißlatz, bei dem die weiße Kopfzeichnung weit bis zur Brust hinabreicht. Die Süddeutschen Farbentauben existieren in der Mehrzahl glattfüßig und kappig, nur einige wenige Rassen sind belatscht. Auch hier finden wir wieder schildige, Mohrenköpfe, Mönche und Schnippen. Aus Schlesien stammen glattfüßige und behoste Mohrenköpfe und glattfüßige Eistauben. Zu den Deutschen Farbentauben zählen auch die Nürnberger Lerchen und die Fränkischen Samtschildtauben.

Schweizer Züchter haben von den deutschen Farbentauben abweichende Rassen geschaffen. Berner und Thurgauer Farbentauben sind immer glattfüßig und besitzen eine Spitzkappe. Sie kommen in zahlreichen unterschiedlichen Zeichnungen vor, auch wieder weißschwänzig und schildig, als Mönche und einfarbig. Die Luzerner Rassen existieren nur mit Spitzkappe und behosten Beinen. Gimpeltauben, deren Herkunft nicht geklärt ist, stammen jedoch vermutlich aus Spanien und zeigen kupfer- oder gelbgefärbte Federn an Brust, Hals, Kopf und Unterleib. Ebenfalls zu den Farbentauben gehört

Hals und die Brust. Bei den sächsischen Flügeltauben sind nur die Flügel, die Fußbefiederung und ein kleiner Stirnfleck, „Schnippe“ genannt, farbig. Abwechselnd weiß und farbig sind bei den Flügelschecken die Flügelfedern. Sächsische Schildtauben haben nur ein farbiges Flügelschild. Bei den sächsischen Storchtauben sind die Schwungfedern, die Fußbefiederung und die Schnippe farbig, bei den sächsischen Schnippentauben die Schnippe und der Schwanz. Das Gegenstück zur Flügeltaube ist die Verkehrtflügeltaube, denn sie ist farbig mit weißen Flügeln, weißer Fußbefiederung und weißem Kopf mit farbiger Schnippe. Merkwürdig sehen die sächsischen Mönchtauben aus. Bei ihnen sind Kopf, Schwingen, Schwanz und die Fußbefiederung weiß. Pfaffentauben tragen nur am Oberkopf Weiß. Die sächsischen Weißschwänze haben neben einem weißen Schwanz auch eine weiße Stirnschnippe. Thüringer Farbentauben kommen glattköpfig und spitzkappig vor; sie sind fast alle glattfüßig. Unter ihnen finden wir wieder weißbindige, Brüster, Flügeltauben, Weißschwänze und schildige. Darüber hinaus existieren die Thüringer Schwalben, die farbige Flügel und einen farbigen Oberkopf zeigen. Thüringer Mönche habe einen weißen Oberkopf. Ist neben dem Oberkopf auch

ter aber nicht immer befriedigt, und es ist ihnen gelungen, einige Rassen mit dunklem Kopfgefieder und dunklen Augen zu züchten. So bei den Mohrenköpfen und Latztauben, bei denen die Mehrzahl der Züchter dunkle Augen wünscht, obwohl hier Tiere mit roten Augen meist eine kräftigere Gefiederfarbe zeigen. Rote Latztauben mit dunklen Augen zeigen niemals das kräftige Taubenrot, sondern immer eine braune Farbe und Zeichnung. Bei den Tümmler- und Kropftauben kommen aber auch reinweiße Tiere mit hellen Augen vor. Diese sind genetisch eigentlich getigert; im Nestgefieder zeigen sich einige rötliche Federn an Kopf und Hals; nach der ersten Mauser wachsen sie dann weiß nach. Bleiben wir aber vorerst noch bei den Farbentauben. Die meisten ihrer Rassen sind in Deutschland entstanden, heute aber über die ganze Erde verbreitet. Als erste wären die sächsischen Farbentauben zu nennen, die meist stark belatscht sind. Manche Rassen sind breitkappig oder glattköpfig. Glattköpfige Vertreter wurden früher besonders häufig in Böhmen gezüchtet. Einfarbige sächsische Farbentauben sind Seltenheiten, mit weißen Flügelbinden findet man sie häufiger. Der Sächsische Brüster ist immer glattköpfig. Seine Grundfarbe ist Weiß, farbig sind nur der Kopf, der

ausgewählt, werden Täuber und Täubin einige Tage in ihr Nistfach gesperrt, bis die Begattung erfolgt ist. Tauben legen bei jedem Gelege zwei Eier, die von beiden Ehepartnern gemeinsam bebrütet werden. Der Täuber brütet vom Vormittag bis zum Nachmittag, die Täubin brütet die übrige Zeit des Tages und in der Nacht. Die Brutzeit beträgt 17–18 Tage. Beide Elterntiere füttern die Jungen gemeinsam, bis sie flügge sind und das Nest verlassen. Die Alten würgen ihren Jungen das Futter aus dem Kropf hervor und drücken es dann den Jungen in den Schnabel. Es gibt Taubenrassen unter den Mövchentauben und den Tümmlern mit einem so kurzen Schnabel, daß sie nicht in der Lage sind, ihre Jungen zu füttern. Sie kann man nur mit Ammentauben züchten. Als Ammentauben verwendet man mittelschnäblige Tümmler oder glattfüßige Farbentauben. Bei dieser Aufzucht werden bereits die Eier ausgetauscht. Die kurzschnäbligen Tauben können die Jungen ihrer Ammen aufziehen, weil diese Jungen ja einen längeren Schnabel haben.

Das Futter für seine Pfleglinge kauft man am besten fertig gemischt. Für leichte Rassen, wie Farbentauben, Tümmler, Mövchen usw., gibt es vom Verband Deutscher Taubenzüchter das „Ver-

bandsfutter“ mit der Bezeichnung „L“, für schwere Rassen, wie Warzentauben, Riesentauben, Huhntauben usw. das Futter „S“. Für Brieftauben werden eigene Spezialmischungen verwandt. In den Wintermonaten kann das Futter mit reiner Braugerste gestreckt werden. Sind die Jungen flügge und in der Lage, selbst Futter aufzunehmen, werden sie in den Jungtierschlag gesetzt. Dann können sie die Alten nicht mehr stören, weil diese zu der Zeit schon wieder ein neues Gelege haben. Im Herbst wird die Zucht beendet und die Tauben werden wieder nach Geschlechtern getrennt.
Die Auswahl unter den Haustaubenrassen ist sehr groß. Bei keinem anderen Haustier haben die Züchter in aller Welt so viele Rassen geschaffen wie bei den Tauben. Um eine gewisse Ordnung in die Vielzahl der Taubenrassen zu bekommen, werden sie heute in den meisten Ländern, gemäß ihrer Verwandtschaften, ihrer äußeren Merkmale und ihrer Eigenschaften, in Gruppen eingeteilt. Es ergibt sich dabei folgende Einteilung:

Gruppe	I:	Farbentauben
Gruppe	II:	Trommeltauben
Gruppe	III:	Fleischtauben
Gruppe	IV:	Riesentauben

Gruppe V: Huhntauben
Gruppe VI: Strukturtauben
Gruppe VII: Kropftauben
Gruppe VIII: Warzentauben
Gruppe IX: Wammentauben
Gruppe X: Seglertauben
Gruppe XI: Mövchentauben
Gruppe XII: Tümmlertauben
Gruppe XIII: Ringschlägertauben

Nach dieser Reihenfolge richten sich auch die Bilder in diesem Buch.

In diesem kleinen Band können natürlich nicht alle bekannten Haustaubenrassen beschrieben werden. Um trotzdem eine Übersicht zu geben, werden die einzelnen Gruppen vorgestellt, auf deren wichtigste Rassen eingegangen wird. Wir beginnen also mit den Farbentauben, deren glattfüßige Vertreter der wilden Stammform noch am nächsten stehen. Zu den Farbentauben werden alle Rassen gezählt, wenn sie die Form einer kräftigen Feldtaube zeigen und ihrer Zeichnungen und Farben wegen gezüchtet werden. In der Körperform größere Rassen, ebenso Rassen, die sich durch besondere Federstrukturen oder besondere Flugweisen auszeichnen, gehören nicht hierher.

So ist die Gruppe der Farbentauben klar abgegrenzt. Unter ihnen gibt es glattfüßige und solche mit Federn an den Füßen, letztere werden in Züchterkreisen „belatscht“ genannt. Farbentauben kommen glattköpfig als auch mit Haube vor, es existieren sogar einige doppelkuppige Rassen. Das bedeutet, daß diese Tauben eine Federhaube auf dem Kopf und einen Federwirbel über dem Schnabel haben. Tauben, die nur einen Federwirbel über dem Schnabel tragen, sind „schnabelkuppig“; der Federwirbel wird also Schnabelkuppe genannt. Behoste Tauben haben kurze Federn an den Beinen, jedoch unbefiederte Zehen. Bestrümpfte Tauben haben auch an den Zehen kurze Federn. Bestrümpfte deutsche Farbentauben kommen nicht vor, und behost wird nur noch der Schlesische Mohrenkopf gezüchtet. Alle anderen deutschen Farbentauben sind entweder glattfüßig oder stark belatscht. Eine Ausnahme bildet nur der Süddeutsche großlatzige Mohrenkopf, der eine kurze, aber dichte Fußbefiederung hat.

Die Augenfarbe der Tauben ist fast immer von der Farbe des Kopfgefieders abhängig. Tauben mit weißem Kopfgefieder haben dunkle Augen, Tauben mit farbigem Kopfgefieder haben rötliche oder gelbliche Augen. Diese Merkmale haben die Züch-

und regnerischen Spätnachmittag und läßt die Tauben nicht satt-, sondern nur weniggefüttert zu ihrem ersten Ausflieg fliegen. Verlassen die Tauben den Schlag nicht aus eigenem Antrieb, darf man sie nicht hinausjagen, wie überhaupt jede Aufregung der Tiere vermieden werden sollte. Manche Taubenrassen, wie etwa Pfau- oder Riesentauben, gewöhnen sich sofort ein. Tümmler oder Hochflugtauben, auch glattfüßige Farbentauben, gewöhnen sich schwerer ein. Alte Brieftauben kann man dagegen überhaupt nicht eingewöhnen. Grundsätzlich passen sich junge Tauben leichter an als alte. Im allgemeinen werden die Tauben im Herbst nach Geschlechtern getrennt. Die Täuber verbleiben im Zuchtschlag, die Weibchen wechseln in den Jungtierschlag. Die Zuchtzeit beginnt meist im Februar, dann werden die Weibchen wieder in den Zuchtschlag gesetzt. Bei der Zucht von Tauben kommt es nicht nur darauf an, sie zu vermehren, es gilt außerdem, sie in Form, Farbe und Zeichnung dem Standard möglichst nahezubringen oder ihre Flugleistungen (bei Flugtauben) zu verbessern. Ohne eine überlegte Zuchtwahl und ein entsprechendes Zusammenstellen der Zuchtpaare wird kaum eine Verbesserung der Rasse gelingen. Hat man die Taubenpaare also nach den eigenen Vorstellungen

Ausflugskäfig angebracht. Er besteht aus einem Holzboden, die Seitenwände sind aus Drahtgeflecht. Das Dach des Kastens kann aus Draht oder Holz gefertigt werden. An der Vorderfront wird eine Klappe angebracht. Der Holzboden des Kastens muß an der Frontseite 40–45 cm vorstehen, er dient als Anflugbrett für die landenden Tauben.
In diesem kleinen Buch kann manches nur angedeutet werden. Wer mit der Taubenzucht beginnt, wird natürlich soviel wie möglich über sein neues Hobby lesen wollen. Zu diesem Zweck werden wir am Schluß des Buches ein Literaturverzeichnis bringen. Genauso wichtig wie ein Literaturstudium ist aber der Erfahrungsaustausch mit anderen Liebhabern. Beides hilft, dem Anfänger Lehrgeld zu sparen.
Ist der Taubenschlag fertig eingerichtet und sind die Tauben gekauft, kann man – falls die Tiere später Freiflug erhalten sollen – mit dem Eingewöhnen beginnen. Dies ist immer ein Risiko. Deshalb ist es nicht ratsam, wertvolle, neu gekaufte Zuchttauben sofort an den Freiflug zu gewöhnen. In diesem Fall hält man die Tiere besser eingesperrt, bis die Jungen der ersten Brut flügge sind und die des zweiten Geleges einige Tage alt. Für den ersten Freiflug wählt man stets einen trüben

Hier die wichtigsten Bedingungen, die der Taubenfreund an einen Schlag stellen muß: der Raum muß hell, gut durchlüftet, aber zugfrei sein. Die Fensterfront sollte nach Osten, Südosten oder Süden gelegen sein. Ist genügend Platz vorhanden, wird der Raum in zwei Schläge aufgeteilt: in den Zuchtschlag und in den Jungtierschlag, wobei der Zuchtschlag etwas größer als der Jungtierschlag sein sollte. In den Zuchtschlag werden die Nistgelegenheiten regalartig eingebaut. Jedes Paar erhält ein Nistfach von etwa 60–80 cm Breite, 40 cm Tiefe und 35 cm Höhe, in das eine Nistschale gestellt wird. Der Jungtierschlag wird mit einem Sitzregal ausgestattet; es hat schräg nach hinten abfallende Böden, auf denen sich der Kot sammelt und so leicht zu entfernen ist. Vorn befindet sich eine Leiste mit abgerundeten Kanten, auf der die Taube sitzt. Die Breite und Tiefe des einzelnen Sitzfaches richtet sich nach der Größe der Taube, die darin sitzen soll. Die Fächer müssen so breit und so tief sein, daß die Taube sich drehen kann, ohne an den Seitenteilen oder der Rückwand anzustoßen. Ist der Taubenschlag soweit eingerichtet, gehören nur noch ein Futtertrog und eine Tränke hinein.
Sollen die Tauben im Freiflug gehalten werden, wird vor dem Ausflug ein Eingewöhnungs- und

ren. Die meisten Züchtervereine in Deutschland sind dem Verband Deutscher Taubenzüchter angeschlossen und verwenden die vom Verband ausgegebenen Ringe, mit denen alle Tauben beringt sein müssen, wenn sie ausgestellt werden sollen.
Die Haltung und Pflege von Tauben ist leicht und problemlos, schwierig ist nur die Zucht einiger Taubenrassen, wenn man sie dem Standard gemäß züchten und sie auf Ausstellungen zeigen will.
Voraussetzung für die Taubenhaltung ist ein geeigneter Unterbringungsraum für die Tiere. Ein Taubenschlag kann auf einem Hausboden, über einem Stall, einer Garage, aber auch in einem Gartenhaus gebaut werden. Die modernste Form ist heute der freistehende Gartenschlag. Ein Taubenschlag muß nicht groß sein, besser ist es, einen großen Raum in mehrere kleine Schläge aufzuteilen. Ein Raum von 8–10 qm reicht für 6 Paar Tauben kleiner Rassen, wie Tümmler oder Mövchen, völlig aus. Die anderen Rassen benötigen einen etwas größeren Schlag. Solche Maße gelten jedoch nur, wenn die Tauben im Freiflug gehalten werden oder zeitweise frei fliegen können. Sollen die Tauben immer eingesperrt gehalten werden, so muß dem Schlag eine Voliere – so groß wie möglich – vorgebaut werden.

schnittliche Flugzeit guter Hochflugtauben beträgt 3 bis 4 Stunden, und den überwiegenden Teil dieser Zeit sollen sie so hoch fliegen, daß nur noch flimmernde Punkte zu erkennen sind. Doch auch wesentlich längere Flugzeiten sind bekannt, und es kann vorkommen, daß die Tauben so hoch fliegen, daß sie selbst mit einem Fernglas nicht mehr zu sehen sind. Beim Flugtaubensport mit Purzeltauben fliegen die Tauben nicht so hoch, sie überschlagen sich aber während des Fluges ab und zu. Die Flugrollertauben schlagen beim Flug viele Purzelbäume hintereinander, sie rollen dann wie ein Ball durch die Luft. Die Bodenpurzler sind als einzige Taubenrasse der Welt flugunfähig, sie schlagen ihre Purzelbäume auf dem Erdboden oder auf einem Tisch, wenn sie dazu veranlaßt werden. Die englischen Tippler sind Dauerflieger, bei ihnen kommt es nur darauf an, möglichst lange in der Luft zu bleiben. Der Weltrekord im Dauerflug liegt bei 20 Stunden. Bei den Ringschlägertauben umfliegt der Täuber sein Weibchen in sehr engen Kreisen.

Um Taubenausstellungen beschicken zu können, oder um an Preisflügen mit Brieftauben, Hochflugtauben, Rollern oder Ringschlägern teilnehmen zu können, muß man einem Züchterverein angehö-

ausgerichtet war, werden in Europa die Tauben heute nur noch aus Liebhaberei gehalten.
In der Taubenzucht findet man heute drei Richtungen: Die Zucht von Ausstellungstauben, für den Brieftaubensport und für die anderen Flugtaubensportarten. Ausstellungstauben werden nach genau festgelegten Standards gezüchtet. Bei ihnen kommt es darauf an, daß Zeichnungen, Farben und Körperformen möglichst nahe an das im Standard fixierte Ideal gebracht werden. Ausstellungstauben werden jedes Jahr im Herbst und Winter auf zahlreichen Ausstellungen gezeigt und dort von ausgebildeten Preisrichtern bewertet.
Der Brieftaubensport ist in der Bundesrepublik am stärksten verbreitet. Hier werden die Tauben von den Züchtervereinen mit Lastkraftwagen an weit entfernte Orte gefahren und dann freigelassen. Auf dem schnellsten Weg sollen die Tiere nach Hause fliegen. Tauben, die ihr Ziel als erste erreichen, werden prämiiert. Über den Brieftaubensport gibt es ein umfangreiches Literaturangebot, das kaum noch Wünsche offen läßt.
Weniger bekannt sind die anderen Flugtaubensportarten. Beim Hochflugtaubensport soll ein Schwarm Tauben so lange und so hoch wie möglich über seinem Heimatschlag kreisen. Die durch-

den meisten weißen Federn miteinander verpaart, und nach einigen Taubengenerationen waren die ersten vollkommen weißen Tauben entstanden.
Die Wiege der Taubenzucht und die Gegend, in der wilde Tauben erstmals domestiziert wurden, ist im Orient zu suchen und hier besonders im heutigen Iran, in Syrien und in Israel. Von dort breitete sich die Taubenzucht dann über die gesamte Erde aus.
Tauben wurden in den verschiedenen Ländern sowohl als Nutztiere – zur Gewinnung von Fleisch und Dünger – als auch aus Liebhaberei gehalten. So erhielten sie im Laufe der Zeit jene Abweichungen in Körperbau, Größe, Farbe und Zeichnung, die uns heute bei den Haustaubenrassen auffallen. In den verschiedenen Ländern, Landschaften und Städten entstanden unterschiedliche und stark voneinander abweichende Taubenrassen, von denen die meisten heute überall auf der Erde verbreitet sind. Einige Rassen sind jedoch Lokalrassen geblieben und nur in ihrer Heimat anzutreffen.
Die wilde Stammform aller Haustaubenrassen – wir kennen heute etwa 800 verschiedene – ist die Felsentaube (*Columba livia* L.).
Während in früheren Zeiten die Nutztaubenzucht fast nur auf die Erzeugung von Schlachttauben

Einleitung

Tauben haben seit jeher den Menschen fasziniert, wie kaum eine andere Vogelart. Von allen Geflügelarten wurde die Taube als erste gezähmt und zum Haustier gemacht. Im Altertum dienten Tauben häufig als Opfertiere, und noch heute sind sie Symbole der Liebe, der Treue und des Friedens. Bevor der Mensch begann, sich feste Wohnungen zu bauen, hauste er in Grotten und Höhlen. Oft waren Grotten, in denen eine Quelle entsprang, als Heiligtum einer Gottheit geweiht. Gerade solche Plätze liebte aber die wilde Felsentaube und siedelte sich dort an. So ist es erklärlich, daß Tauben als heilige Wesen galten. Als der Mensch dann später Steinhäuser und Tempel errichtete, suchten die wilden Felsentauben dort geeignete Niststätten. Auf diese Weise entstand aus der wilden Felsentaube eine halbzahme Taube, oft als Tempeltaube bezeichnet. Aus ihr entwickelten sich zunächst freifliegende Haustauben; sie bewohnten bereits einen festen Taubenschlag, und aus diesen wiederum entfalteten sich durch Zuchtwahl die einzelnen Rassen. So wurden zum Beispiel die Tauben mit

Norwich-Kröpfer 116
Schlesischer Kröpfer 120
Carrier 124
Dragoon 128
Berner Halbschnäbler 132
Nürnberger Bagdette 136
Deutsche Schautaube 140
Satinetten-Mövchen 144
Blondinetten-Mövchen 148
Hamburger Tümmler 152
Komorner Tümmler 156
Wiener Tümmler 160
Langschnäbliger Elstertümmler 164
Nikolajewer Tümmler 168
Damascener 172
Literaturnachweis 175

Inhaltsverzeichnis

Einleitung 7
Sächsische Flügeltaube 44
Eistauben 48
Thüringer Schwalbentaube 52
Nürnberger Lerche 56
Süddeutsche Schildtaube 60
Dresdener Trommeltaube 64
Luchstaube 68
Strasser 72
Lahore 76
Römer 80
Florentiner 84
Modeneser 88
Kingtaube 92
Pfautaube 96
Perückentaube 100
Lockentaube 104
Sächsischer Kröpfer 108
Aachener Bandkröpfer 112

Fotos: Schutzumschlag Karl Stauber
Helmut Scheide (15)
Karl Stauber (17)

Landbuch-Verlag GmbH, Hannover, 1982

Satz, Druck und buchbinderische Verarbeitung:
Landbuch-Verlag GmbH, Hannover

ISBN 3 7842 0258 6

Joachim Schütte

Haus-Tauben

Landbuch